わくわくストーリードリル

かがくのふしぎ

小学校低学年

監修

青山由紀　小川眞士

ナツメ社

もくじ

はじめに

アサガオのつぼみは、朝《あさ》になるとひらきます。もしかして、朝《あさ》がきたことがわかるのでしょうか？

このように、わたしたちのみのまわりには、ふしぎなことがたくさんあります。このドリルには、みなさんが「ふしぎだなあ」とぎもんに思《おも》うことについて、みじかいお話《はなし》が十五《じゅうご》のっています。

それぞれのお話《はなし》の題名《だいめい》が「もんだい（とい）」になっていますので、下《した》にあるもんだいをときながら、答《こた》えを見《み》つけてください。また、「もっと知《し》りたい！　かがくのこと」をヒントに、きょうみをもったふしぎについて、図書室《としょしつ》の本《ほん》などほかの本《ほん》でも、ぜひしらべてみてくださいね。

筑波大学附属小学校国語科教諭《つくばだいがくふぞくしょうがっこうこくごかきょうゆ》　青山《あおやま》 由紀《ゆき》

イチゴの赤《あか》いところは「み」じゃないの？

ぐるぐるまわると目《め》がまわるのはなぜ？

気《き》になること、わからないこと、ふしぎなこと、何《なに》かに気《き》がついてしらべること。それが「かがく」です。

月《つき》にロケットをちゃくりくさせて、宇宙旅行《うちゅうりょこう》ができる未来《みらい》をつくるのもかがくの力《ちから》です。

びっくりすること、おもしろいこと……。かがくの広場《ひろば》にはいろいろな「ふしぎ」があります。

このドリルは広場《ひろば》の入《い》り口《ぐち》です。あなたのお気《き》に入《い》りの「かがくのふしぎ」が、きっと見《み》つかるでしょう。

小川理科研究所主宰《おがわりかけんきゅうじょしゅさい》　小川《おがわ》 眞士《まさし》

この本《ほん》のつかいかた

❶お話《はなし》を読《よ》もう

かがくにまつわるいろいろなお話《はなし》がのっているよ。1日《にち》1話《わ》を読《よ》んでみよう。

わくわくストーリードリル

1 イチゴについているつぶつぶは何《なに》？

あまずっぱくて、つぶつぶの口当《くちあ》たりが楽《たの》しいイチゴは、とても人気《にんき》があります。わたしたちが食《た》べている赤《あか》いところが「み」で、つぶつぶはたねだと思《おも》われていますが、そうではありません。

じつは、たねだと思《おも》われているつぶつぶが、イチゴの「み」で、たねはさらにその中《なか》に入《はい》っているのです。では、わたしたちが食《た》べている赤《あか》いところはなんでしょうか。

イチゴの花《はな》を見《み》ると、花《はな》のまんなかに、食《た》べるところがあるのがわかります。ただ、まだ小《ち》さくみどり色《いろ》をしていますね。ここは、花《はな》びらなどをささえる台《だい》で、「花《か》たく」とよばれます。イチゴは、「み」が大《おお》きくなるかわりに、「花《か》たく」が大《おお》きくなって食《た》べられるようになるのです。

イチゴのように、「み」ではないところがふくらんで食《た》べられるようになるものを、「にせのかじつ」といういみで「偽果《ぎか》」といいます。とてもおいしいのに、「にせ」といわれてしまうのは、ちょっぴりかわいそうな気《き》もしますね。

イチゴの花《はな》
花《か》たく
み
たね
できるとすごい！

❶お話《はなし》にある「つぶつぶ」は、イチゴのなんというところですか。一《ひと》つに○をつけましょう。

ア み
イ たね
ウ めしべ

❷わたしたちが食《た》べている赤《あか》いところは、なんですか。ひらがな三文《さんも》字《じ》で書《か》きましょう。

❸イチゴのように、「み」ではないところを食《た》べるものをなんといいますか。ひらがな二文字《にもじ》で書《か》きましょう。

❹お話《はなし》でイチゴが「かわいそう」と書《か》かれているのはなぜですか。一《ひと》つに○をつけましょう。

ア 食《た》べている赤《あか》いところが「み」ではないから。
イ つぶつぶがたねだと思《おも》われているから。
ウ おいしいのに「にせ」といわれてしまうから。

次《つぎ》のページで答《こた》えあわせをしよう

とりくんだ日 月《がつ》 日《にち》
はじめた時間《じかん》 時《じ》 分《ふん》
おわった時間《じかん》 時《じ》 分《ふん》

8 9

❷もんだいをとこう

お話《はなし》を読《よ》みおわったら、下《した》のもんだいにチャレンジしてみてね。むずかしいもんだいがあったら、お話《はなし》をもう1回《かい》、はじめから読《よ》んでみよう。

もんだいをときおわったら

14話《わ》をときおわったら、さいごのスペシャルもんだいもやってみよう！

キャラクターしょうかい

お話《はなし》を読《よ》んだら
かがくにくわしく
なれるかな？　わくわく！

わくまる

とってももの知《し》りな、なぞの生命体《せいめいたい》。
ちきゅうのいろいろなことを知《し》りたがっている。
もちもちしている体《からだ》は、じゆうにのばすことができる……らしい。
答《こた》えのページではアドバイスをしてくれるよ。

❸答《こた》えあわせをしよう

もんだいの次《つぎ》のページに答《こた》えがのっているよ。おうちの人《ひと》といっしょに、答《こた》えあわせをしてみよう。

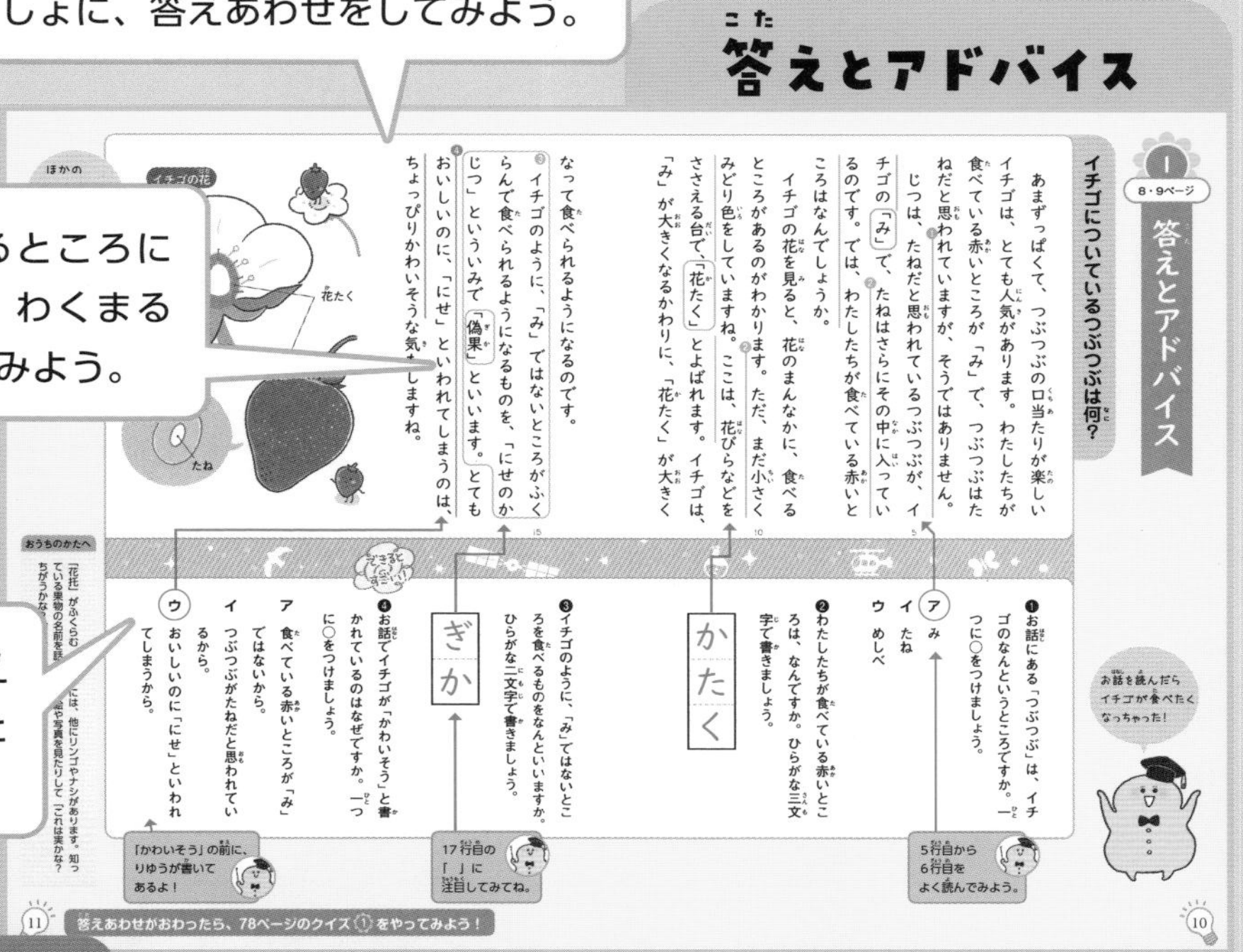

答《こた》えとアドバイス
答えとアドバイス
1 8・9ページ
イチゴについているつぶつぶは何？
かたく
ぎか
5行目から6行目をよく読んでみよう。
17行目の「 」に注目してみてね。
「かわいそう」の前に、りゆうが書いてあるよ！
お話を読んだらイチゴが食べたくなっちゃった！
答えあわせがおわったら、78ページのクイズ①をやってみよう！

答《こた》えが書《か》かれているところに線《せん》を引《ひ》いているよ。わくまるのアドバイスも見《み》てみよう。

赤《あか》い文字《もじ》や丸《まる》が答《こた》えだよ。自分《じぶん》の答《こた》えとくらべてみてね。

答《こた》えあわせがおわったら

❺パズルのマスをぬろう

答《こた》えの記号《きごう》が書《か》いてあるマスを、えんぴつでぬろう。15こマスをぬりおわると、一《ひと》つの絵《え》になるよ。何《なに》ができるかな？

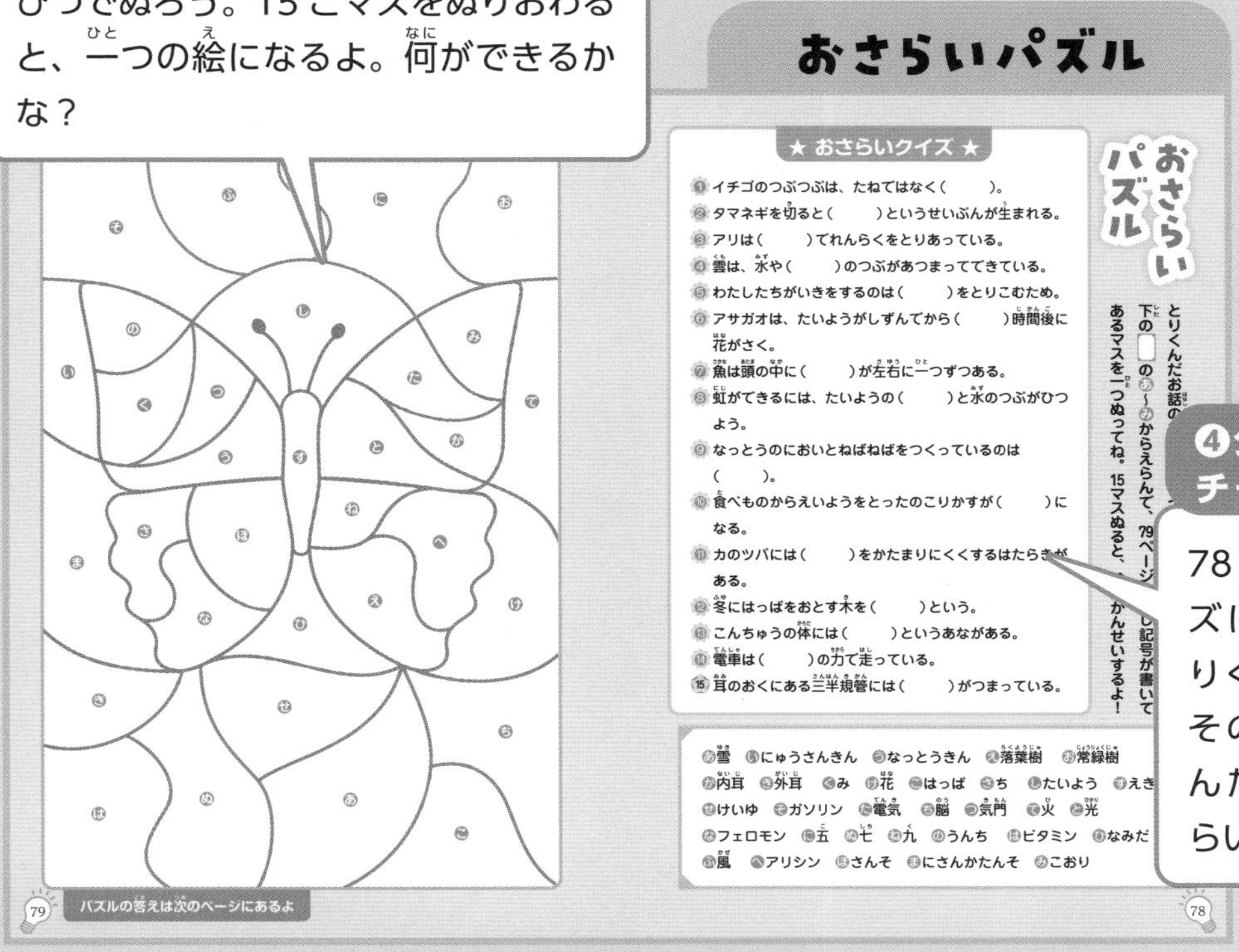

おさらいパズル
★ おさらいクイズ ★
① イチゴのつぶつぶは、たねではなく（　　）。
② タマネギを切ると（　　）というせいぶんが生まれる。
③ アリは（　　）でれんらくをとりあっている。
④ 雲は、氷や（　　）のつぶがあつまってできている。
⑤ わたしたちがいきをするのは（　　）をとりこむため。
⑥ アサガオは、たいようがしずんでから（　　）時間後に花がさく。
⑦ 魚は頭の中に（　　）が左右に一つずつある。
⑧ 虹ができるには、たいようの（　　）と水のつぶがひつよう。
⑨ なっとうのにおいとねばねばをつくっているのは（　　）。
⑩ 食べものからえいようをとったのこりかすが（　　）になる。
⑪ カのツバには（　　）をかたまりにくくするはたらきがある。
⑫ 冬にはっぱをおとす木を（　　）という。
⑬ こんちゅうの体には（　　）というあながある。
⑭ 電車は（　　）の力で走っている。
⑮ 耳のおくにある三半規管には（　　）がつまっている。
あ雪 いにゅうさんきん うなっとうきん え落葉樹 お常緑樹
か内耳 き外耳 くみ け花 こはっぱ さち したいよう すえき
せけいゆ そガソリン た電気 ち脳 つ気門 て火 と光
なフェロモン に五 ぬ七 ね九 のうんち はビタミン ひなみだ
ふ風 へアリシン ほさんそ まにさんかたんそ みこおり
パズルの答えは次のページにあるよ

❹クイズにチャレンジしよう

78ページのクイズに1日《にち》1問《もん》とりくんでみよう。その日《ひ》にとりくんだお話《はなし》のおさらいクイズだよ。

おうちのかたへ

子どもは、身のまわりの自然や事象から「なぜ？」「不思議」を見つけるのが得意です。このような「問題発見力」や、疑問を自ら追究する姿勢や、「問題解決力」などの資質・能力を身につけることが、今求められています。

科学にまつわるお話を読むことは、そのような資質・能力の育成に最適です。本書では、タイトルで内容に興味をもたせ、謎を解くのを楽しみながら読むことができるようになっています。ですから、すぐに問題を解かなくても構いません。タイトルの答えを見つけようと何度も読み返したり、挿絵を見たりするなど、お子様のペースで内容を理解していけばよいのです。一人で読むことが苦手なお子様には、最初は保護者がお話を読み聞かせてください。徐々に一人で読むことができるようになります。

興味をもった話題については、他の科学の読み物の読書へと広げるようにサポートしましょう。読み慣れることで、より確かな「読む力」が身につきます。

青山 由紀

ドリルに取り組む流れとポイント

Point 1 ドリルを始める前に

まず、取り組んだ日付と始めた時間を書きます。「今日は何日かな？」「今は何時になっている？」と声をかけて、日付や時計を読む練習にしてもよいでしょう。また、お話を読む前に「イチゴのお話だって」「昨日食べたね」など、テーマについて話をするのもよいですね。

Point 2 お話を読む

科学にまつわるお話を楽しみながら読みましょう。お子様のペースを尊重して、ゆっくりでも読み進めることが大切です。挿絵も見ながら、お話の内容を理解していきましょう。

Point 3 読解問題を解く

お話を読み終わったら、下段の読解問題に取り組みましょう。お子様がドリルに慣れていない場合は、一緒に問題を解くようにするとよいですね。答えに迷ったり、わからなかったりしたときは、「お話をもう1回読んでみようか」と声をかけるなど、ていねいに寄り添うのがポイントです。

できるとすごい! がついた問題は、他と比べて少し難しい問題です。正解したら「すごい!」とほめてください。

Point 4 答え合わせをする

問題の次のページを見て、答え合わせをしましょう。答えの部分に線や囲みがついているので、まちがえた問題は指で追いながら確認するのもおすすめです。補足の知識があるものは、「おうちのかたへ」として紹介しています。答え合わせが終わったら、78ページのクイズとパズルに進みましょう。

より理解を深めるためのポイント

コラムを読む

それまでに取り組んだお話の内容や、テーマに関連した豆知識を紹介しています。5話、10話、スペシャル問題のあとに入っているので、5つのお話を終えた区切りとして読むとよいでしょう。

15話すべてが終わったら

最後のスペシャル問題が終わったら、「この本をふりかえろう」(77ページ)を見ながら、本書の振り返りや感想をお子様と話してみましょう。2週間の取り組みを通じて、お子様に生まれた興味や気づきを大切にしてください。また、本書に最後まで取り組めたことも、きちんとほめるのがよいですね。

1 イチゴについている つぶつぶは何《なに》？

あまずっぱくて、つぶつぶの口当《くちあ》たりが楽《たの》しいイチゴは、とても人気《にんき》があります。わたしたちが食《た》べている赤《あか》いところが「み」で、つぶつぶはたねだと思《おも》われていますが、そうではありません。

じつは、たねだと思《おも》われているつぶつぶが、イチゴの「み」で、たねはさらにその中《なか》に入《はい》っているのです。では、わたしたちが食《た》べている赤《あか》いところはなんでしょうか。

イチゴの花《はな》を見《み》ると、花《はな》のまんなかに、食《た》べるところがあるのがわかります。ただ、まだ小《ちい》さくみどり色《いろ》をしていますね。ここは、花《はな》びらなどをささえる台《だい》で、「花《か》たく」とよばれます。イチゴは、「み」が大《おお》きくなるかわりに、「花《か》たく」が大《おお》きく

とりくんだ日《ひ》

月《がつ》 日《にち》

はじめた時間《じかん》

時《じ》 分《ふん》

おわった時間《じかん》

時《じ》 分《ふん》

❶ お話《はなし》にある「つぶつぶ」は、イチゴのなんというところですか。一《ひと》つに○をつけましょう。

ア み

イ たね

ウ めしべ

❷ わたしたちが食《た》べている赤《あか》いところは、なんですか。ひらがな三文《さんも》字《じ》で書《か》きましょう。

なって食《た》べられるようになるのです。

イチゴのように、「み」ではないところがふくらんで食《た》べられるようになるものを、「にせのかじつ」といういみで「偽果《ぎか》」といいます。とてもおいしいのに、「にせ」といわれてしまうのは、ちょっぴりかわいそうな気《き》もしますね。

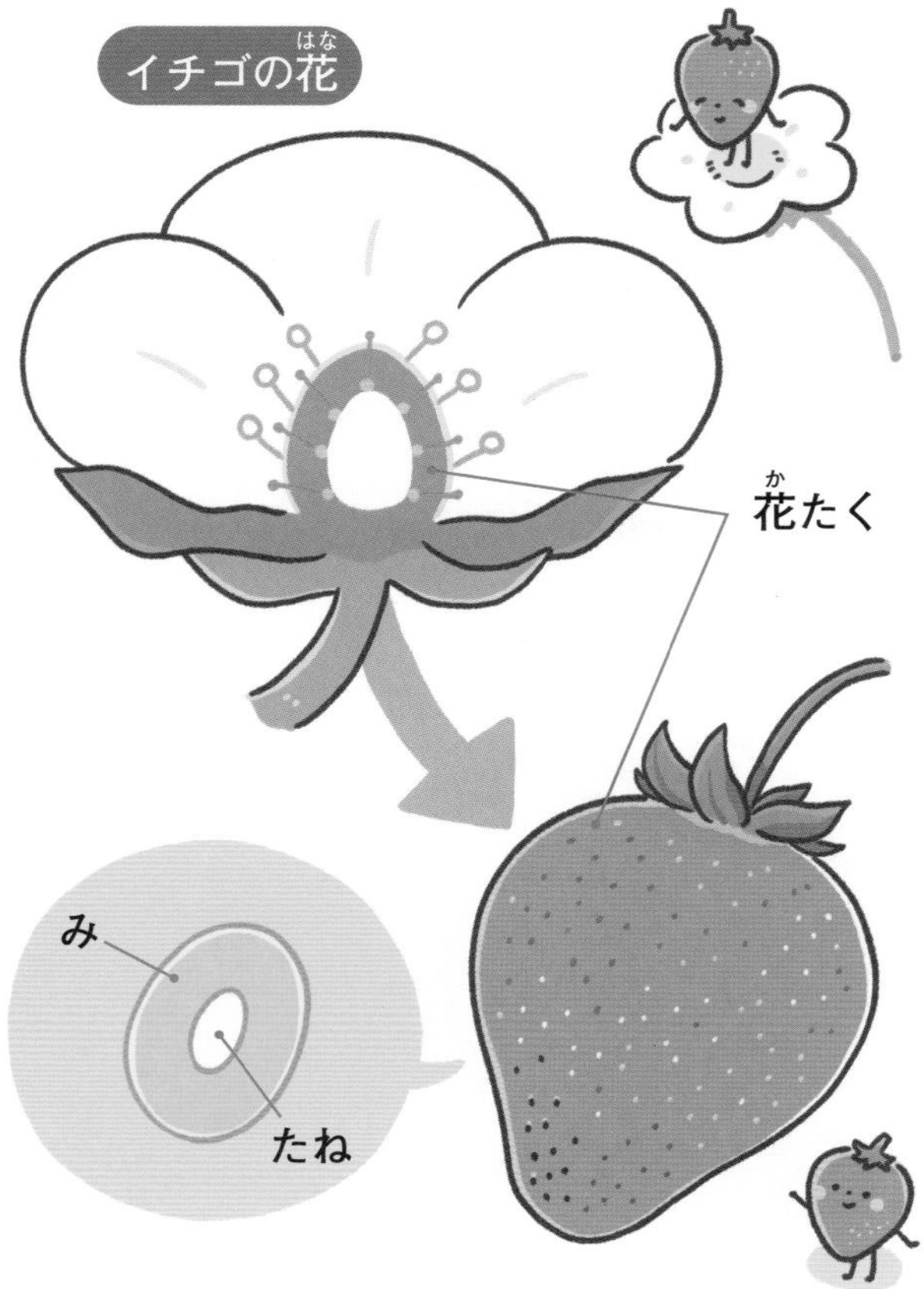

できるとすごい!

3 イチゴのように、「み」ではないところを食《た》べるものをなんといいますか。ひらがな二文字《にもじ》で書《か》きましょう。

4 お話《はなし》でイチゴが「かわいそう」と書《か》かれているのはなぜですか。一《ひと》つに○をつけましょう。

ア 食《た》べている赤《あか》いところが「み」ではないから。

イ つぶつぶがたねだと思《おも》われているから。

ウ おいしいのに「にせ」といわれてしまうから。

次《つぎ》のページで答《こた》えあわせをしよう

1 8・9ページ

答《こた》えとアドバイス

イチゴについているつぶつぶは何《なに》？

あまずっぱくて、つぶつぶの口当《くちあ》たりが楽《たの》しいイチゴは、とても人気《にんき》があります。わたしたちが食《た》べている赤《あか》いところが「み」で、つぶつぶはたねだと思《おも》われていますが、そうではありません。

じつは、❶たねだと思《おも》われているつぶつぶが、イチゴの「み」で、❷たねはさらにその中《なか》に入《はい》っているのです。では、わたしたちが食《た》べている赤《あか》いところはなんでしょうか。

イチゴの花《はな》を見《み》ると、花《はな》のまんなかに、食《た》べるところがあるのがわかります。ただ、まだ小《ちい》さくみどり色《いろ》をしていますね。❷ここは、花《はな》びらなどをささえる台《だい》で、「花《か》たく」とよばれます。イチゴは、「み」が大《おお》きくなるかわりに、「花《か》たく」が大《おお》きく

❶お話《はなし》にある「つぶつぶ」は、イチゴのなんというところですか。一《ひと》つに○をつけましょう。

(ア) み
イ たね
ウ めしべ

5行目《ぎょうめ》から6行目《ぎょうめ》をよく読《よ》んでみよう。

❷わたしたちが食《た》べている赤《あか》いところは、なんですか。ひらがな三文《さんも》字《じ》で書《か》きましょう。

かたく

お話《はなし》を読《よ》んだらイチゴが食《た》べたくなっちゃった！

なって食《た》べられるようになるのです。

③イチゴのように、「み」ではないところがふくらんで食《た》べられるようになるものを、「にせのかじつ」といういみで「偽果《ぎか》」といいます。とても

④おいしいのに、「にせ」といわれてしまうのは、ちょっぴりかわいそうな気《き》もしますね。

15

ほかの
くだものは
どんな花《はな》
なのかな？

イチゴの花《はな》
花《か》たく
み
たね

できるとすごい！

③イチゴのように、「み」ではないところを食《た》べるものをなんといいますか。ひらがな二文字《にもじ》で書《か》きましょう。

ぎか

17行目《ぎょうめ》の「　」に注目《ちゅうもく》してみてね。

④お話《はなし》でイチゴが「かわいそう」と書《か》かれているのはなぜですか。一《ひと》つに○をつけましょう。

ア 食《た》べている赤《あか》いところが「み」ではないから。

イ つぶつぶがたねだと思《おも》われているから。

(ウ) おいしいのに「にせ」といわれてしまうから。

「かわいそう」の前《まえ》に、りゆうが書《か》いてあるよ！

おうちのかたへ

「花托」がふくらむ「偽果」には、他にリンゴやナシがあります。知っている果物の名前を話したり、絵や写真を見たりして「これは実かな？ちがうかな？」などと話してみるのもよいでしょう。

答《こた》えあわせがおわったら、78ページのクイズ①をやってみよう！

2 タマネギを切《き》ると なみだが出《で》るのはどうして？

みなさんは、ほうちょうで生《なま》のタマネギを切《き》ったことがありますか。目《め》と鼻《はな》のおくがツーンとして、なみだや鼻水《はなみず》が出《で》たことでしょう。

これは、ほうちょうでタマネギを切《き》ると、「アリシン」というせいぶんが生《う》まれるからです。アリシンはすぐに空気中《くうきちゅう》に広《ひろ》がって、目《め》や鼻《はな》をしげきします。すると、体《からだ》がアリシンをおい出《だ》そうとして、なみだや鼻水《はなみず》を出《だ》すのです。

では、なみだや鼻水《はなみず》が出《で》ないようにすることはできるのでしょうか。

アリシンは、ひやすと空気中《くうきちゅう》に広《ひろ》がりにくくなります。ですから、タマネギを切《き》る前《まえ》にれいぞうこでひやすとよいでしょう。また、よく切《き》れるほ

とりくんだ日《ひ》

月《がつ》 日《にち》

はじめた時間《じかん》

時《じ》 分《ふん》

おわった時間《じかん》

時《じ》 分《ふん》

できるとすごい！

1 タマネギを切《き》ると生《う》まれるせいぶんはなんですか。

（　　　）

2 ①のせいぶんはどこに広《ひろ》がりますか。漢字三文字《かんじさんもじ》で書《か》きましょう。

3 なみだや鼻水《はなみず》を出《で》にくくするくふうで、まちがっているものはどれですか。一《ひと》つに○をつけましょう。

うちょうをつかうと、空気中《くうきちゅう》に広《ひろ》がるアリシンの量《りょう》をへらせます。ただし、どちらもまったくアリシンが出《で》ないようにはできません。

出《で》てしまったアリシンをふせぐなら、目《め》と鼻《はな》をぴったりおおう水中《すいちゅう》メガネをつけるのがおすすめです。ただ、りょうりをするには、ちょっとへんなかっこうですね。

ア　タマネギをれいぞうこでひやす。

イ　タマネギをゆっくり切《き》る。

ウ　よく切《き》れるほうちょうをつかってタマネギを切《き》る。

4 お話《はなし》で水中《すいちゅう》メガネをおすすめしているのはなぜですか。一《ひと》つに○をつけましょう。

ア　へんなかっこうをしてわらいたいから。

イ　タマネギから出《で》るせいぶんがよく見《み》えるから。

ウ　目《め》と鼻《はな》をぴったりおおえるから。

次《つぎ》のページで答《こた》えあわせをしよう

答《こた》えとアドバイス

タマネギを切《き》るとなみだが出《で》るのはどうして？

みなさんは、ほうちょうで生《なま》のタマネギを切《き》ったことがありますか。目《め》と鼻《はな》のおくがツーンとして、なみだや鼻水《はなみず》が出《で》たことでしょう。

①これは、ほうちょうでタマネギを切《き》ると、②「アリシン」というせいぶんが生《う》まれるからです。アリシンはすぐに空気中《くうきちゅう》に広《ひろ》がって、目《め》や鼻《はな》をしげきします。すると、体《からだ》がアリシンをおい出《だ》そうとして、なみだや鼻水《はなみず》を出《だ》すのです。

③では、なみだや鼻水《はなみず》が出《で》ないようにすることはできるのでしょうか。

③アリシンは、ひやすと空気中《くうきちゅう》に広《ひろ》がりにくくなります。ですから、タマネギを切《き》る前《まえ》にれいぞうこでひやすとよいでしょう。また、よく切《き》れるほ

できるとすごい！

❶タマネギを切《き》ると生《う》まれるせいぶんはなんですか。

（アリシン）

4行目《ぎょうめ》から5行目《ぎょうめ》に、せいぶんの名前《なまえ》が書《か》いてあるね。

❷①のせいぶんはどこに広《ひろ》がりますか。漢字三文字《かんじさんもじ》で書《か》きましょう。

空気中

「〜に広《ひろ》がって」ということばがヒントになるね。

❸なみだや鼻水《はなみず》を出《で》にくくするくふうで、まちがっているものはどれですか。一《ひと》つに○をつけましょう。

「アリシン」はニンニクや長《なが》ネギにもふくまれているんだって

うちょうをつかうと、空気中《くうきちゅう》に広《ひろ》がるアリシンの量《りょう》をへらせます。ただし、どちらもまったくアリシンが出《で》ないようにはできません。

④出《で》てしまったアリシンをふせぐなら、目《め》と鼻《はな》をぴったりおおう水中《すいちゅう》メガネをつけるのがおすすめです。ただ、りょうりをするには、ちょっとへんなかっこうですね。

おうちのかたへ

アリシンは熱にも弱いので、タマネギを電子レンジで20秒程度温めるのも、涙や鼻水を出にくくするのに効果的です。

ア　タマネギをれいぞうこでひやす。

（イ）　タマネギをゆっくり切《き》る。

ウ　よく切《き》れるほうちょうをつかってタマネギを切《き》る。

④お話《はなし》で水中《すいちゅう》メガネをおすすめしているのはなぜですか。一《ひと》つに○をつけましょう。

ア　へんなかっこうをしてわらいたいから。

イ　タマネギから出《で》るせいぶんがよく見《み》えるから。

（ウ）　目《め》と鼻《はな》をぴったりおおえるから。

お話《はなし》に書《か》かれていないものを考《かんが》えるもんだいだよ。

答《こた》えあわせがおわったら、78ページのクイズ②をやってみよう！

3 アリがぎょうれつをつくるのはどうして？

たくさんのアリが、ぎょうれつをつくっているところを見《み》たことはありますか？　目《め》じるしもないのに、まよわずにすすむのはふしぎですね。

じつは、アリはなかまが出《だ》す「フェロモン」というにおいをたどっているのです。たとえば、食《た》べものを見《み》つけたアリは、「食《た》べものがあるよ」といういみのにおいをじめんにつけながら、すへ帰《かえ》ります。すると、それをかぎつけたなかまも、においをじめんにつけながら、食《た》べものをすへはこびます。やがて、においのこい道《みち》ができ、アリがぎょうれつをつくるのです。

また、ひっこしをするときも、たまごやようちゅうをだいて、ぎょうれつをつくります。

① ぎょうれつをつくるアリは、何《なに》をたどっているのですか。ひらがな三文字《さんもじ》で書《か》きましょう。

「フェロモン」という

② 食《た》べものを見《み》つけたアリがつけるにおいには、どんないみがありますか。一《ひと》つに○をつけましょう。

ア　今《いま》からすにかえるよ。

イ　食《た》べものをとらないで。

ウ　食《た》べものがあるよ。

とりくんだ日《ひ》

月《がつ》　日《にち》

はじめた時間《じかん》

時《じ》　分《ふん》

おわった時間《じかん》

時《じ》　分《ふん》

わたしたちに見《み》える目《め》じるしがなくても、アリたちはにおいでれんらくをとりあい、きょうりょくしてくらしているのですね。

ただし、すべてのアリがぎょうれつをつくるわけではありません。ぎょうれつを見《み》かけたら、ずかんでしゅるいをしらべてみるとよいでしょう。

できるとすごい！

❸ においをかぎつけたなかまは、何《なに》をしながら食《た》べものをはこびますか。一《ひと》つに○をつけましょう。

ア においをじめんにつける。

イ においをなかまにつける。

ウ じめんのにおいをけす。

❹ アリが、たまごやようちゅうをだいて、ぎょうれつをつくるのはどんなときですか。

（　　　　）をするとき。

次《つぎ》のページで答《こた》えあわせをしよう

3

16・17ページ

答《こた》えとアドバイス

アリがぎょうれつをつくるのはどうして?

たくさんのアリが、ぎょうれつをつくっているところを見《み》たことはありますか? 目《め》じるしもないのに、まよわずにすすむのはふしぎですね。

じつは、①アリはなかまが出《だ》す「フェロモン」というにおいをたどっているのです。たとえば、②食《た》べものを見《み》つけたアリは、「食《た》べものがあるよ」といういみのにおいをじめんにつけながら、すへ帰《かえ》ります。すると、それを③かぎつけたなかまも、においをじめんにつけながら、食《た》べものをすへはこびます。やがて、においのこい道《みち》ができ、アリがぎょうれつをつくるのです。

また、④ひっこしをするときも、たまごやようちゅうをだいて、ぎょうれつをつくります。

❶ぎょうれつをつくるアリは、何《なに》をたどっているのですか。ひらがな三文字《さんもじ》で書《か》きましょう。

「フェロモン」という

におい

❷食《た》べものを見《み》つけたアリがつけるにおいには、どんないみがありますか。一《ひと》つに○をつけましょう。

ア 今《いま》からすにかえるよ。

イ 食《た》べものをとらないで。

(ウ) 食《た》べものがあるよ。

6行目《ぎょうめ》の「 」のあとに「〜といういみの」と、せつめいが書《か》いてあるね。

なかまのすがたじゃなくてにおいをたどっていたんだね!

わたしたちに見《み》える目《め》じるしがなくても、アリたちはにおいでれんらくをとりあい、きょうりょくしてくらしているのですね。

ただし、すべてのアリがぎょうれつをつくるわけではありません。ぎょうれつを見《み》かけたら、ずかんでしゅるいをしらべてみるとよいでしょう。

15

アリもひっこしをするんだ〜

できるとすごい！

❸においをかぎつけたなかまは、何《なに》をしながら食《た》べものをはこびますか。一《ひと》つに○をつけましょう。

(ア) においをじめんにつける。

イ においをなかまにつける。

ウ じめんのにおいをけす。

「なかま」ということばに注目《ちゅうもく》して、お話《はなし》を読《よ》んでみよう。

❹アリが、たまごやようちゅうをだいて、ぎょうれつをつくるのはどんなときですか。

（ ひっこし ）をするとき。

どんなときか、を答《こた》えるもんだいだね。「〜のとき」と書《か》いてある文《ぶん》をさがそう。

答《こた》えあわせがおわったら、78ページのクイズ③をやってみよう！

4 雲《くも》は何《なに》でできているの？

空《そら》にうかぶもこもことした雲《くも》は、わたのようにふかふかしているように見《み》えますね。のってみたいと思《おも》った人《ひと》もいるでしょう。けれど、雲《くも》にさわったりのったりすることはできません。

なぜなら、雲《くも》はとても小《ちい》さな水《みず》やこおりのつぶがあつまってできたものだからです。では、どうして水《みず》やこおりが空《そら》にうかんでいるのでしょうか。

海《うみ》や川《かわ》の水《みず》がたいようにあたためられると、空《くう》気《き》のように目《め》に見《み》えなくなります。これを「水蒸《すいじょう》気《き》」とよびます。とても小《ちい》さい水蒸気《すいじょうき》は、あたたかい空気《くうき》といっしょに空《そら》にのぼっていきます。ところが、空《そら》の高《たか》いところはさむいので、水蒸気《すいじょうき》がひえて水《みず》やこおりのつぶになります。このつぶが

❶ 雲《くも》にさわったりのったりすることができないりゆうを、お話《はなし》ではなんといっていますか。一《ひと》つに○をつけましょう。

ア 雲《くも》は手《て》のとどかない高《たか》いところにあるから。

イ 雲《くも》がどんどんうごいていくから。

ウ 小《ちい》さな水《みず》やこおりのつぶがあつまってできているから。

❷ 水《みず》があたためられて、目《め》に見《み》えなくなったものをなんとよびますか。ひらがなで書《か》きましょう。

とりくんだ日《ひ》

月《がつ》 日《にち》

はじめた時間《じかん》

時《じ》 分《ふん》

おわった時間《じかん》

時《じ》 分《ふん》

あつまると、目《め》に見《み》える白《しろ》い雲《くも》になるのです。雲《くも》をつくる水《みず》やこおりのつぶは、とても小《ちい》さくてかるいので、空《そら》にうかんでいられるのです。

雲《くも》はできる高《たか》さや形《かたち》で、よびかたがかわります。きせつによってもちがいがあります。どんなときにどんな形《かたち》の雲《くも》があらわれるか、かんさつしてみるとおもしろいですよ。

できるとすごい!!

3 水蒸気《すいじょうき》になった水《みず》が、空《そら》の高《たか》いところで水《みず》やこおりのつぶになるのはなぜですか。一《ひと》つに○をつけましょう。

（　　）

ア 空《そら》の高《たか》いところはあついから。

イ 空《そら》の高《たか》いところはさむいから。

ウ 空《そら》の高《たか》いところはこわいから。

4 雲《くも》のよびかたは、高《たか》さのほかに、何《なに》でかわりますか。

（　　）

次《つぎ》のページで答《こた》えあわせをしよう

4

20・21ページ

答《こた》えとアドバイス

雲《くも》は何《なに》でできているの？

空《そら》にうかぶもこもことした雲《くも》は、わたのようにふかふかしているように見《み》えますね。のってみたいと思《おも》った人《ひと》もいるでしょう。❶けれど、雲《くも》にさわったりのったりすることはできません。

なぜなら、雲《くも》はとても小《ちい》さな水《みず》やこおりのつぶがあつまってできたものだからです。では、どうして水《みず》やこおりが空《そら》にうかんでいるのでしょうか。

❷海《うみ》や川《かわ》の水《みず》がたいようにあたためられると、空《くう》気《き》のように目《め》に見《み》えなくなります。これを「水蒸《すいじょう》気《き》」とよびます。とても小《ちい》さい水蒸気《すいじょうき》は、あたたかい空気《くうき》といっしょに空《そら》にのぼっていきます。ところが、❸空《そら》の高《たか》いところはさむいので、水蒸気《すいじょうき》がひえて水《みず》やこおりのつぶになります。このつぶが

❶雲《くも》にさわったりのったりすることができないりゆうを、お話《はなし》ではなんといっていますか。一《ひと》つに○をつけましょう。

ア　雲《くも》は手《て》のとどかない高《たか》いところにあるから。

イ　雲《くも》がどんどんうごいていくから。

ウ　小《ちい》さな水《みず》やこおりのつぶがあつまってできているから。

❷水《みず》があたためられて、目《め》に見《み》えなくなったものをなんとよびますか。ひらがなで書《か》きましょう。

5行目《ぎょうめ》の「なぜなら」のあとに、りゆうが書《か》いてあるね。

雲《くも》はいろいろな形《かたち》があるから見《み》ていて楽《たの》しいな

あつまると、目《め》に見《み》える白《しろ》い雲《くも》になるのです。雲《くも》をつくる水《みず》やこおりのつぶは、とても小《ちい》さくてかるいので、空《そら》にうかんでいられるのです。

④雲《くも》はできる高《たか》さや形《かたち》で、よびかたがかわります。きせつによってもちがいがあります。どんなときにどんな形《かたち》の雲《くも》があらわれるか、かんさつしてみるとおもしろいですよ。

できると すごい!!

❸水蒸気《すいじょうき》になった水《みず》が、空《そら》の高《たか》いところで水《みず》やこおりのつぶになるのはなぜですか。一《ひと》つに○をつけましょう。

ア 空《そら》の高《たか》いところはあついから。

イ 空《そら》の高《たか》いところはさむいから。（○）

ウ 空《そら》の高《たか》いところはこわいから。

（すいじょうき）

❹雲《くも》のよびかたは、高《たか》さのほかに、何《なに》でかわりますか。

（形（または「かたち」））

りゆうを答《こた》えるもんだいだね。「〜ので」と書《か》いてある文《ぶん》をさがそう！

おうちのかたへ

雲の名前は、発生しやすい高さと形でおおまかに十種（十種雲形といいます）に分けられます。

答《こた》えあわせがおわったら、78ページのクイズ④をやってみよう！

5 どうして人《ひと》はいきをしないと生《い》きていけないの？

とりくんだ日《ひ》　月《がつ》　日《にち》
はじめた時間《じかん》　時《じ》　分《ふん》
おわった時間《じかん》　時《じ》　分《ふん》

いきを少《すこ》しでも止《と》めると、すぐにくるしくなりますね。わたしたちの体《からだ》は、いきをしないと生《い》きていけません。なぜでしょうか。

わたしたちの体《からだ》は、食《た》べもののえいようを、「さんそ」をつかってエネルギーにかえています。ただ、「さんそ」は体《からだ》の中《なか》でつくることができません。そこで、空気中《くうきちゅう》に入《はい》っている「さんそ」をとりこむために、いきをしているのです。

わたしたちがすった空気《くうき》は、むねにある「はい」に入《はい》ります。そして、「さんそ」は「はい」から「けっかん」に入《はい》って「ち」にまじります。そして、えいようといっしょに体中《からだじゅう》にくばられるのです。

また、いきをはくときには、体《からだ》から出《で》たいらな

❶ わたしたちの体《からだ》で、食《た》べもののえいようをエネルギーにかえているものはなんですか。一《ひと》つに○をつけましょう。

ア　空気《くうき》
イ　さんそ
ウ　にさんかたんそ

できるとすごい！

❷ いきをしてさんそをとりこむりゆうを、お話《はなし》ではなんといっていますか。一《ひと》つに○をつけましょう。

ア　にさんかたんそをすわないと、くるしくなるから。

い「にさんかたんそ」を体《からだ》の外《そと》に出《だ》しています。

いきをすって、はくことは、わたしたちのいのちをささえる、大切《たいせつ》なしくみなのですね。

ところで、「いびき」は、うまくいきができていないサインです。つかれたときだけなら、しんぱいいりません。ただ、いびきが多《おお》い人《ひと》は、おいしゃさんにそうだんするとよいでしょう。

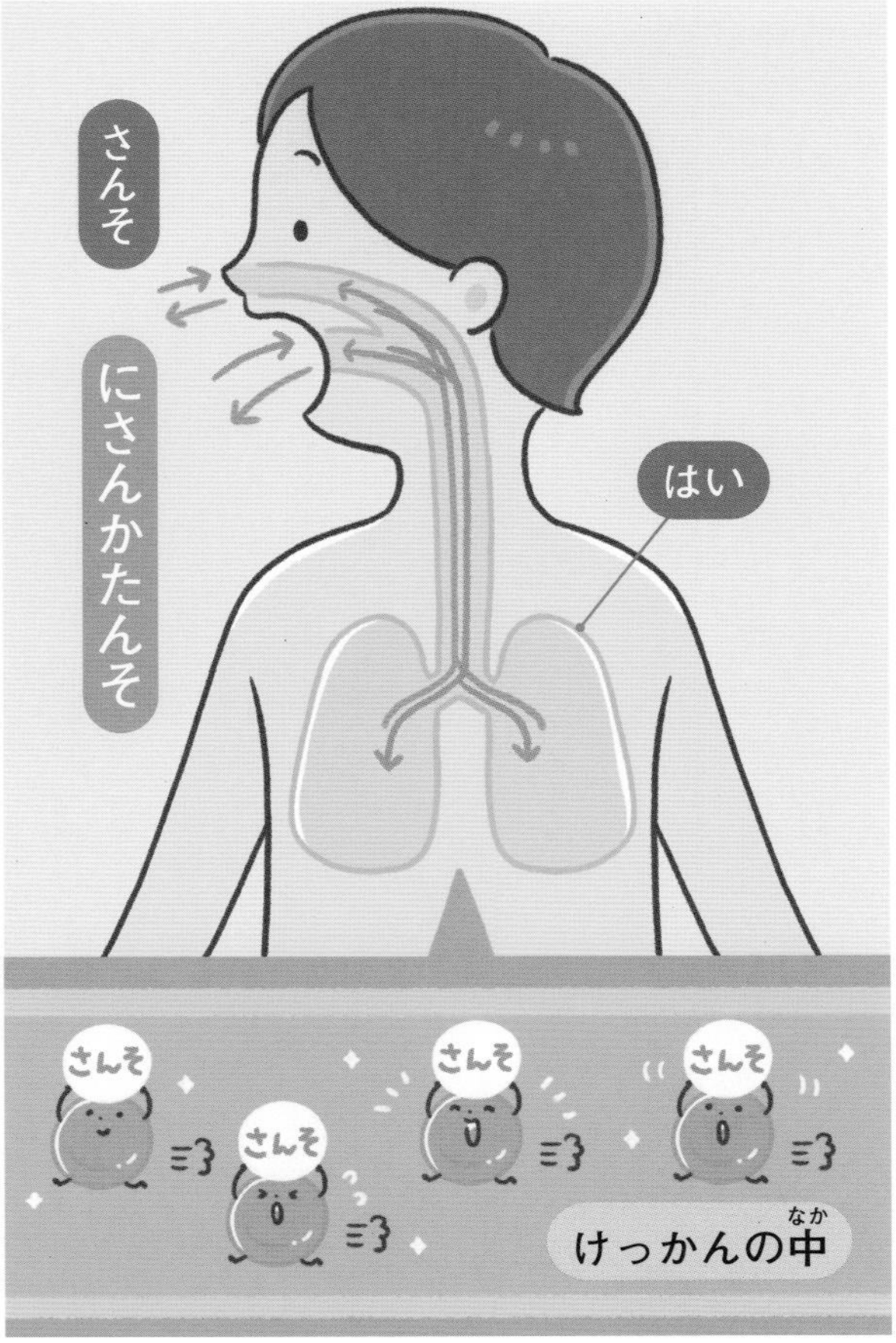

イ にさんかたんそは体《からだ》の中《なか》でつくることができないから。

ウ さんそは体《からだ》の中《なか》でつくることができないから。

3 さんそは、どのようなじゅんばんで体中《からだじゅう》にくばられますか。一《ひと》つに○をつけましょう。

ア「はい」→「けっかん」

イ「けっかん」→「はい」

ウ「い」→「けっかん」

4 お話《はなし》の中《なか》で、うまくいきができていないサインはなんだといっていますか。ひらがな三文字《さんもじ》で書《か》きましょう。

次《つぎ》のページで答《こた》えあわせをしよう

答《こた》えとアドバイス

どうして人《ひと》はいきをしないと生《い》きていけないの？

いきを少《すこ》しでも止《と》めると、すぐにくるしくなりますね。わたしたちの体《からだ》は、いきをしないと生《い》きていけません。なぜでしょうか。

①わたしたちの体《からだ》は、食《た》べもののえいようを、「さんそ」をつかってエネルギーにかえています。ただ、②「さんそ」は体《からだ》の中《なか》でつくることができません。そこで、空気中《くうきちゅう》に入《はい》っている「さんそ」をとりこむために、いきをしているのです。

わたしたちがすった空気《くうき》は、むねにある「はい」に入《はい》ります。③そして、「さんそ」は「はい」から「けっかん」に入《はい》って「ち」にまじります。そして、えいようといっしょに体中《からだじゅう》にくばられるのです。

また、いきをはくときには、体《からだ》から出《で》たいらな

❶わたしたちの体《からだ》で、食《た》べもののえいようをエネルギーにかえているものはなんですか。一《ひと》つに○をつけましょう。

ア 空気《くうき》
(イ) さんそ
ウ にさんかたんそ

❷いきをしてさんそをとりこむりゆうを、お話《はなし》ではなんといっていますか。一《ひと》つに○をつけましょう。

ア にさんかたんそをすわないと、くるしくなるから。

しんこきゅうをすると元気《げんき》になる気《き》がするんだ

アとイの「にさんかたんそ」は、いきをはくときに出《で》るものだったね。

い「にさんかたんそ」を体《からだ》の外《そと》に出《だ》しています。
いきをすって、はくことは、わたしたちのいのちをささえる、大切《たいせつ》なしくみなのですね。
ところで、④「いびき」は、うまくいきができていないサインです。つかれたときだけなら、しんぱいいりません。ただ、いびきが多《おお》い人《ひと》は、おいしゃさんにそうだんするとよいでしょう。

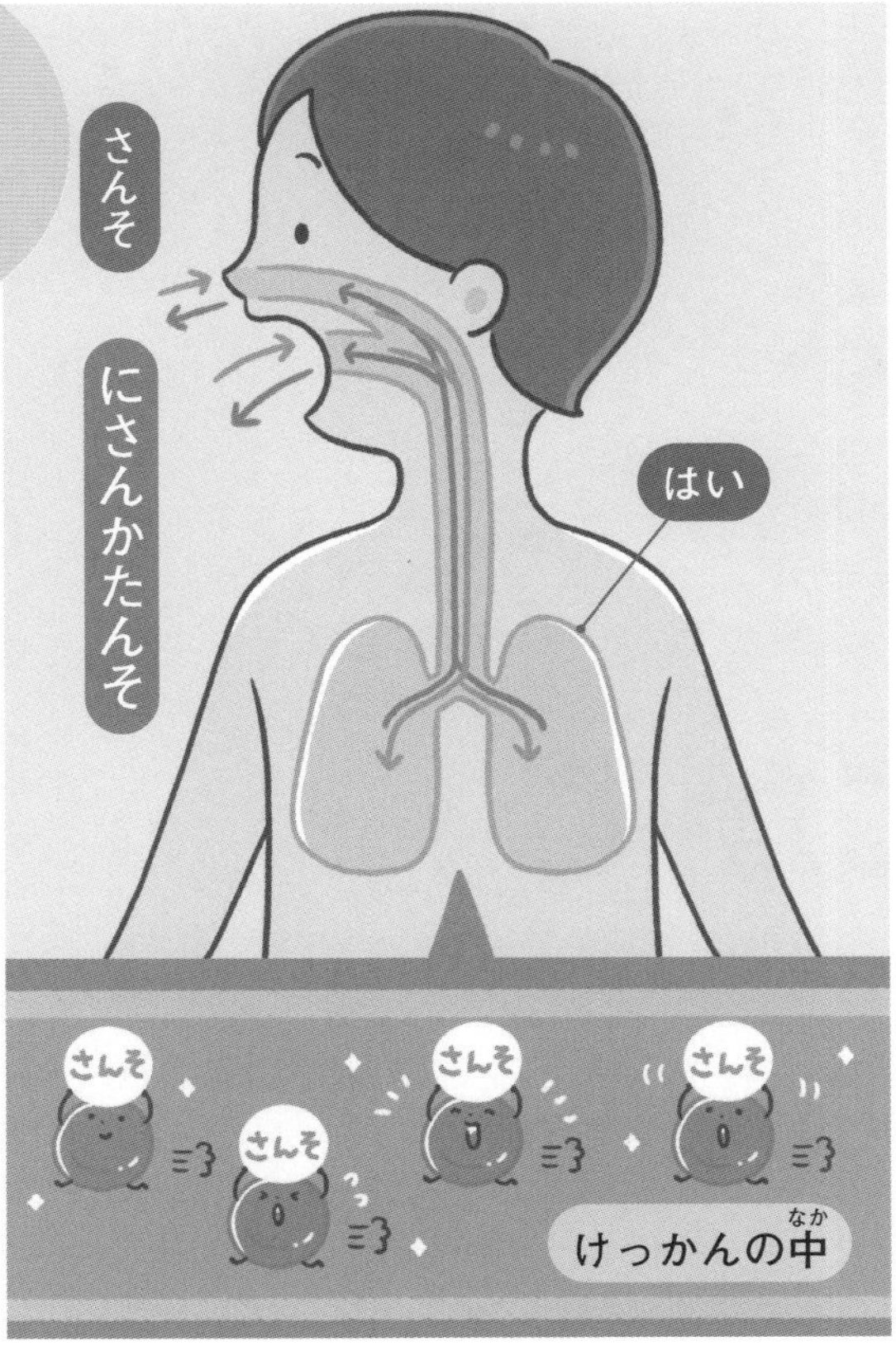

さんそ
にさんかたんそ
はい
さんそ
さんそ
さんそ
さんそ
けっかんの中《なか》

いびきが
多《おお》い人《ひと》は
まわりに
いるかな？

イ にさんかたんそは体《からだ》の中《なか》でつくることができないから。

ウ さんそは体《からだ》の中《なか》でつくることができないから。

③ さんそは、どのようなじゅんばんで体中《からだじゅう》にくばられますか。一《ひと》つに○をつけましょう。

ア 「はい」→「けっかん」

イ 「けっかん」→「はい」

ウ 「い」→「けっかん」

④ お話《はなし》の中《なか》で、うまくいきができていないサインはなんだといっていますか。ひらがな三文字《さんもじ》で書《か》きましょう。

いびき

10行目《ぎょうめ》から11行目《ぎょうめ》を読《よ》んで、じゅんばんをかくにんしよう。

もんだいに「ひらがな三文字《さんもじ》で」とあるね。お話《はなし》と同《おな》じことばで書《か》こう。

答《こた》えあわせがおわったら、78ページのクイズ⑤をやってみよう！

★もっと知《し》りたい！

かがくのこと①

このページでは、かがくにまつわる
まめちしきをしょうかいするよ。

アリはレモンがにがて！

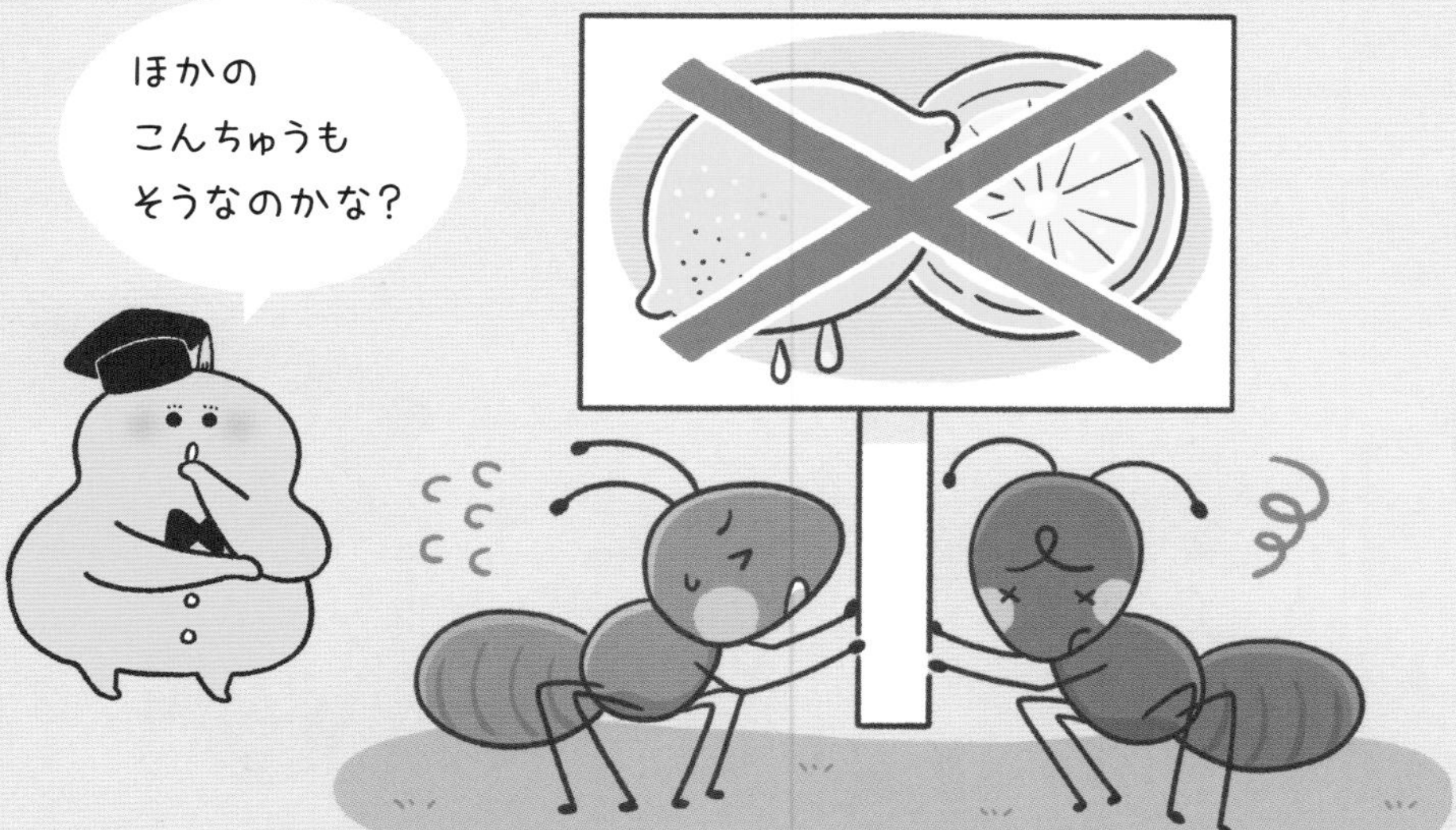

レモンの強《つよ》いかおりがアリのフェロモンをうちけしてしまうから、アリはレモンがにがてだといわれているよ。ちなみに、同《おな》じりゆうで、お酢《す》もにがてなんだ。

ふりかえってみよう
16・17ページ
『アリがぎょうれつをつくるのはどうして？』

イチゴの「み」は ひとつぶに 200～300こ ついている！

イチゴの大《おお》きさによってもかわるけれど、一《ひと》つのイチゴには200～300こくらい「み」がついているよ。ピンセットなどでとり出《だ》して、数《かぞ》えてみるのもいいね。

ふりかえってみよう
8・9ページ
『イチゴについているつぶつぶは何《なに》？』

なみだは ちで できている！

なみだは、わたしたちの体《からだ》をながれるちでできているよ。赤《あか》い色《いろ》のせいぶんがとりのぞかれて、目《め》から出《で》てくるから、水《みず》のようにとうめいなんだ。

ふりかえってみよう
12・13ページ
『タマネギを切《き》るとなみだが出《で》るのはどうして？』

6 アサガオはどうして朝《あさ》にさくの？

夏《なつ》になると、朝《あさ》にアサガオがさいているのをよく見《み》かけますね。朝《あさ》の明《あか》るさをかんじてさくと思《おも》われがちですが、じきによっては、日《ひ》の出前《でまえ》から花《はな》がさいています。では、さく時間《じかん》は何《なに》できまるのでしょうか。

じつは、前《まえ》の日《ひ》にたいようがしずんだ時間《じかん》がカギになっています。アサガオは、たいようがしずんでからおよそ九時間《くじかん》ていどで花《はな》がさくのです。

たとえば、七月《しちがつ》のはじめは午後七時《ごごしちじ》ごろにたいようがしずみます。九時間後《くじかんご》は午前四時《ごぜんよじ》ですね。日《ひ》の出《で》は午前四時半《ごぜんよじはん》ごろなので、アサガオのほうが少《すこ》し早《はや》おきです。八月《はちがつ》、九月《くがつ》になると、たいようのしずむ時間《じかん》が早《はや》くなります。すると、アサガ

とりくんだ日《ひ》
月《がつ》　日《にち》
はじめた時間《じかん》
時《じ》　分《ふん》
おわった時間《じかん》
時《じ》　分《ふん》

1 アサガオについての、正《ただ》しいせつめいはどれですか。一《ひと》つに○をつけましょう。

ア じきによっては日《ひ》の出前《でまえ》からさく。

イ かならず日《ひ》の出前《でまえ》にさく。

ウ 朝《あさ》の明《あか》るさをかんじてさく。

2 アサガオがさく時間《じかん》は何《なに》できまると書《か》かれていますか。お話《はなし》からぬき出《だ》しましょう。

前《まえ》の日《ひ》に（　　　　）が

オはもっと暗《くら》いうちからさくようになるのです。目《め》ざまし時計《どけい》がなくても時間《じかん》がわかるなんて、おもしろいですね。

ところで、夜《よる》も光《ひかり》が当《あ》たるところにアサガオがおいてあると、花《はな》のさく時間《じかん》がおそくなることがあります。夜《よ》ふかしをさせると、アサガオも朝《あさ》ねぼうしてしまうのですね。

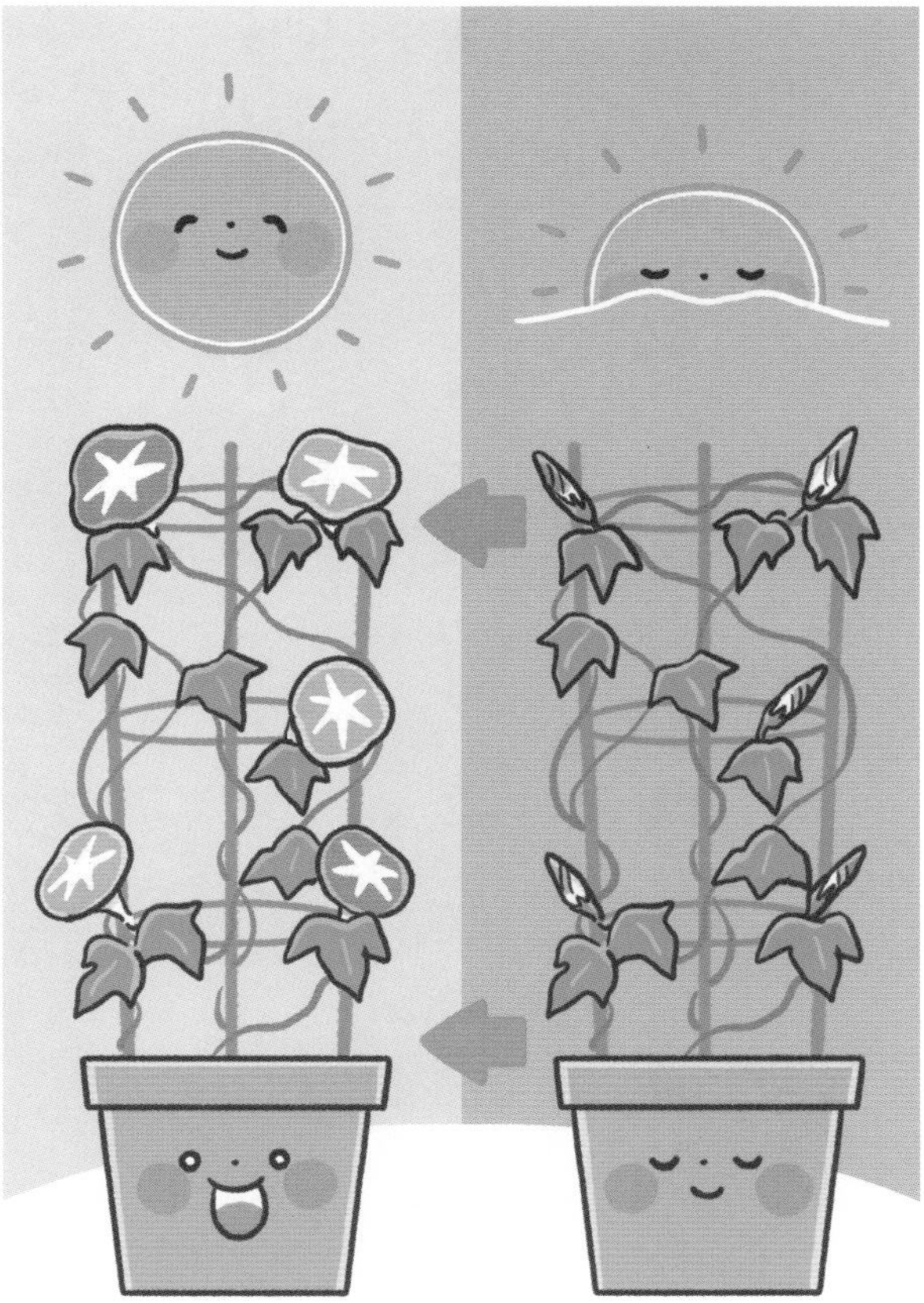

できるとすごい！

（　　　　）時間《じかん》。

❸ たいようが午後七時《ごごしちじ》にしずむと、アサガオは次《つぎ》の日《ひ》の何時《なんじ》ごろにさきますか。漢字一文字《かんじいちもじ》で書《か》きましょう。

午前《ごぜん》□時《じ》

❹ アサガオが朝《あさ》ねぼうするのは、どんなときですか。一《ひと》つに○をつけましょう。

ア　目《め》ざまし時計《どけい》をかけわすれたとき。

イ　夜《よる》も光《ひかり》が当《あ》たるところにおかれたとき。

ウ　夜《よる》にくらいところにおかれたとき。

次《つぎ》のページで答《こた》えあわせをしよう

アサガオはどうして朝《あさ》にさくの?

①夏《なつ》になると、朝《あさ》にアサガオがさいているのをよく見《み》かけますね。朝《あさ》の明《あか》るさをかんじてさくと思《おも》われがちですが、じきによっては、日《ひ》の出前《でまえ》から花《はな》がさいています。②では、さく時間《じかん》は何《なに》できまるのでしょうか。

じつは、前《まえ》の日《ひ》にたいようがしずんだ時間《じかん》がカギになっています。アサガオは、たいようがしずんでからおよそ九時間《くじかん》ていどで花《はな》がさくのです。

③たとえば、七月《しちがつ》のはじめは午後七時《ごごしちじ》ごろにたいようがしずみます。九時間後《くじかんご》は午前四時《ごぜんよじ》ですね。日《ひ》の出《で》は午前四時半《ごぜんよじはん》ごろなので、アサガオのほうが少《すこ》し早《はや》おきです。八月《はちがつ》、九月《くがつ》になると、たいようのしずむ時間《じかん》が早《はや》くなります。すると、アサガ

❶アサガオについての、正《ただ》しいせつめいはどれですか。一《ひと》つに○をつけましょう。

(ア) じきによっては日《ひ》の出前《でまえ》からさく。
イ かならず日《ひ》の出前《でまえ》にさく。
ウ 朝《あさ》の明《あか》るさをかんじてさく。

❷アサガオがさく時間《じかん》は何《なに》できまると書《か》かれていますか。お話《はなし》からぬき出《だ》しましょう。

前《まえ》の日《ひ》に（たいよう）が

4行目《ぎょうめ》から8行目《ぎょうめ》で、花《はな》がさくしくみをせつめいしているよ。

オはもっと暗《くら》いうちからさくようになるのです。目《め》ざまし時計《どけい》がなくても時間《じかん》がわかるなんて、おもしろいですね。

④ところで、夜《よる》も光《ひかり》が当《あ》たるところにアサガオがおいてあると、花《はな》のさく時間《じかん》がおそくなることがあります。夜《よ》ふかしをさせると、アサガオも朝《あさ》ねぼうしてしまうのですね。

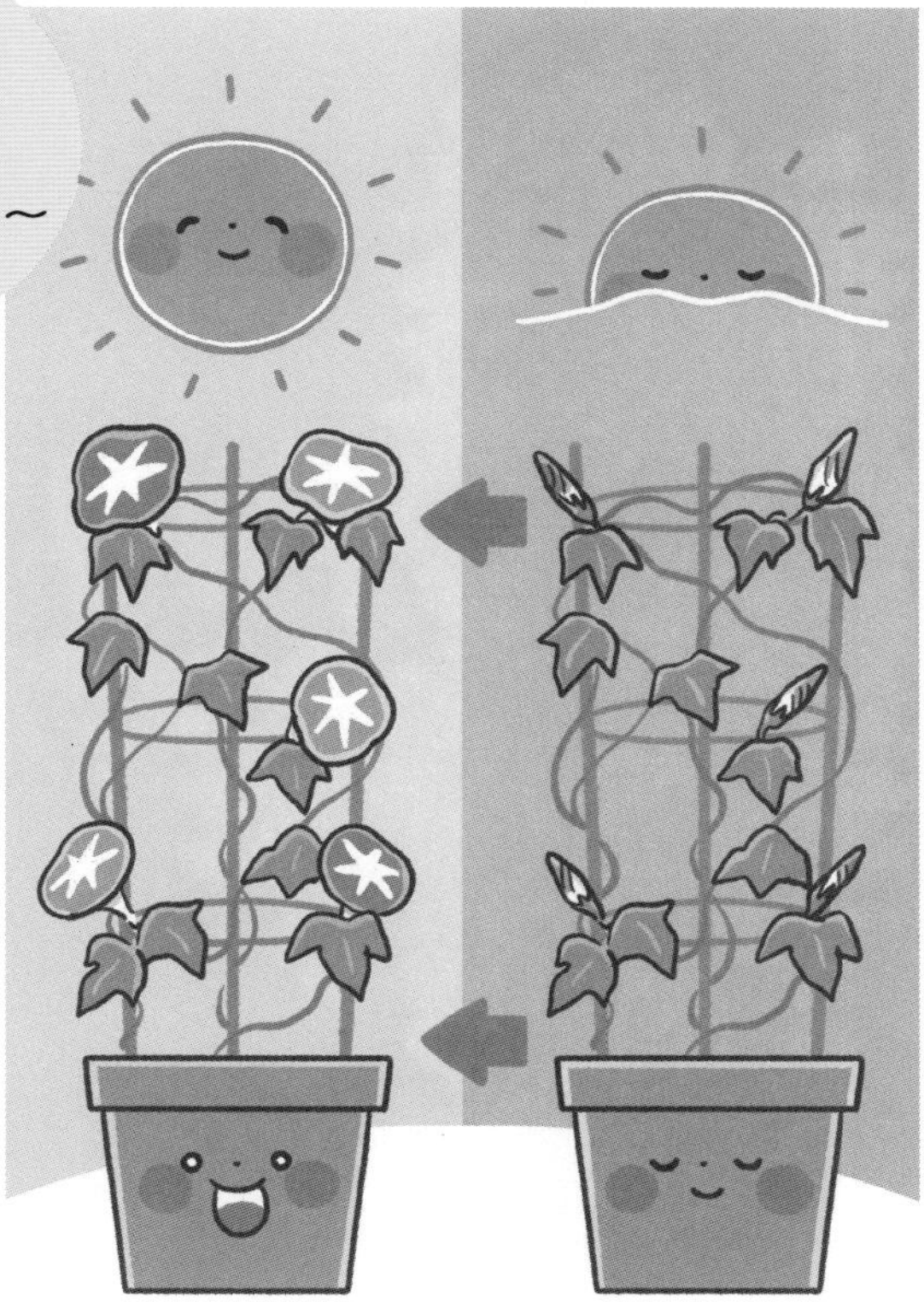

できるとすごい！

（しずんだ）時間《じかん》。

❸たいようが午後七時《ごごしちじ》にしずむと、アサガオは次《つぎ》の日《ひ》の何時《なんじ》ごろにさきますか。漢字一文字《かんじいちもじ》で書《か》きましょう。

午前《ごぜん》［四］時《じ》

❹アサガオが朝《あさ》ねぼうするのは、どんなときですか。一《ひと》つに○をつけましょう。

ア 目《め》ざまし時計《どけい》をかけわすれたとき。

（イ） 夜《よる》も光《ひかり》が当《あ》たるところにおかれたとき。

ウ 夜《よる》にくらいところにおかれたとき。

9行目《ぎょうめ》「たとえば」のあとの文《ぶん》がポイントだね。

おうちのかたへ

アサガオは種類によって、日没後八～十時間後に花が開きます。夏休みの観察日記など、家でアサガオを育てる機会があったら、実際に調査してみるのもよいですね。

答《こた》えあわせがおわったら、78ページのクイズ⑥をやってみよう！

7 魚《さかな》にも耳《みみ》はあるの？

池《いけ》のコイにむかってパンパンと手《て》をたたくと、エサをもらおうとして、コイが近《ちか》づいてくることがあります。けれど、魚《さかな》には耳《みみ》たぶも耳《みみ》のあなも見《み》当《あ》たりませんね。魚《さかな》に音《おと》は聞《き》こえているのでしょうか。

魚《さかな》は頭《あたま》の中《なか》に、「内耳《ないじ》」という耳《みみ》が左右《さゆう》に一《ひと》つずつあります。水《みず》の中《なか》につたわった音《おと》は、魚《さかな》のうかぶ力《ちから》をちょうせつする「うきぶくろ」※をふるわせます。この「うきぶくろ」のふるえが「内耳《ないじ》」につたえられて音《おと》として聞《き》こえるのです。

また、エラからしっぽにかけて「側線《そくせん》」という点線《てんせん》がならんでいるところがあり、ここでも音《おと》を聞《き》くことができます。

とりくんだ日《ひ》

月《がつ》 日《にち》

はじめた時間《じかん》

時《じ》 分《ふん》

おわった時間《じかん》

時《じ》 分《ふん》

❶ 池《いけ》のコイが、手《て》をたたくとエサをもらおうと近《ちか》づいてくるのはなぜですか。一《ひと》つに○をつけましょう。

ア 人《ひと》がもっているエサを見《み》ているから。

イ エサのにおいをかげるから。

ウ 手《て》の音《おと》を頭《あたま》の中《なか》の耳《みみ》で聞《き》いているから。

❷ 魚《さかな》の耳《みみ》について、まちがっているものはどれですか。一《ひと》つに○をつけましょう。

ア 耳《みみ》たぶや耳《みみ》のあなはない。

魚《さかな》は、体《からだ》のいろいろなところをつかって、水《みず》の中《なか》につたわる音《おと》を聞《き》いているのですね。

一《いっ》ぴきまるごとの魚《さかな》を買《か》うことがあれば、体《からだ》の外側《そとがわ》に耳《みみ》がないことや、側線《そくせん》のばしょをかんさつしてみましょう。

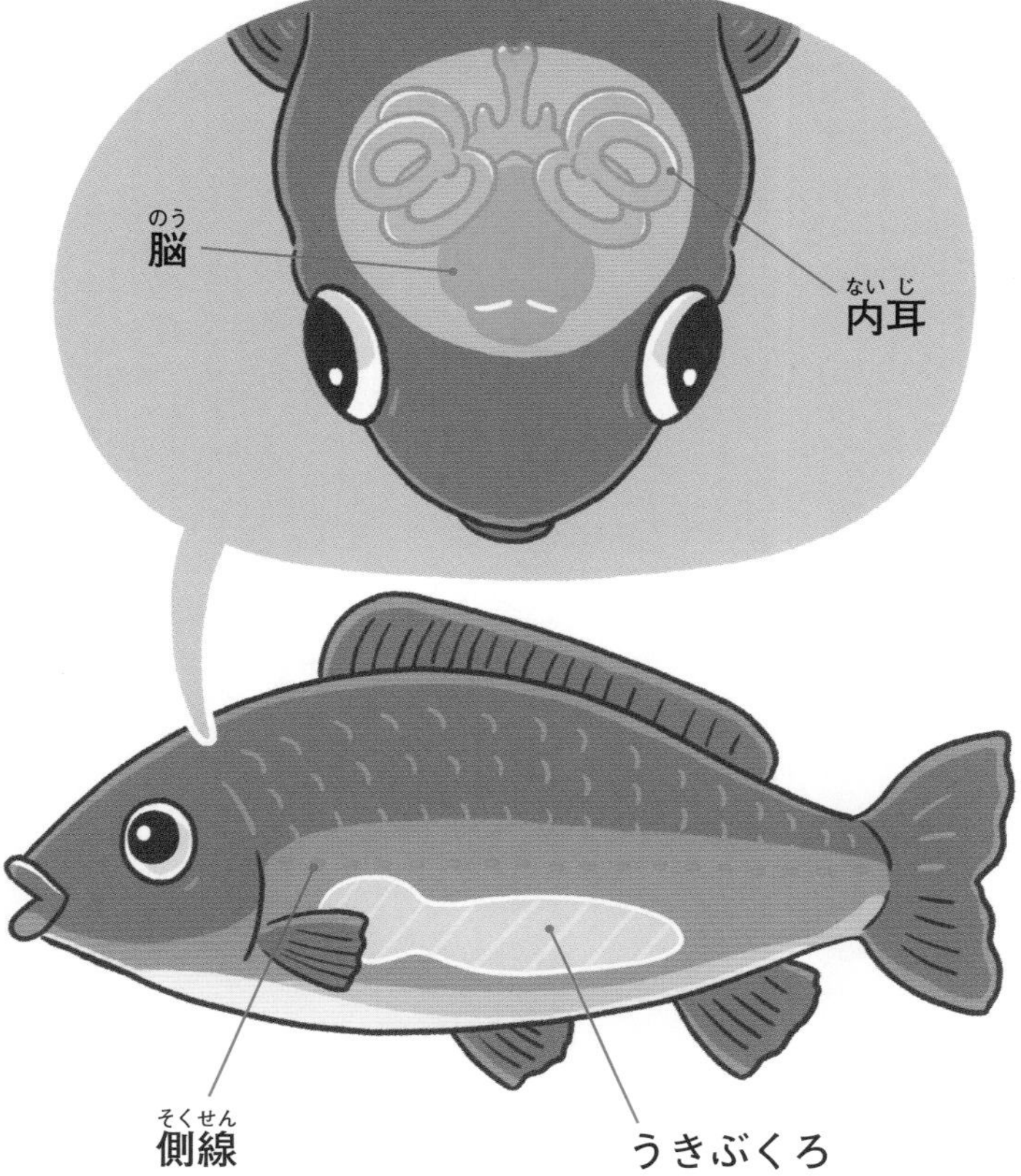

※うきぶくろをもっていない魚《さかな》もいます。

できるとすごい!

イ 目《め》のそばに外耳《がいじ》という耳《みみ》が左右《さゆう》に一《ひと》つずつある。

ウ 頭《あたま》の中《なか》に内耳《ないじ》という耳《みみ》が左右《さゆう》に一《ひと》つずつある。

3 「うきぶくろ」には体《からだ》をうかせるほかに、どんなやくわりがありますか。ひらがな三文字《さんもじ》で書《か》きましょう。

□□□を内耳《ないじ》につたえる。

4 魚《さかな》の体《からだ》にある、音《おと》を聞《き》くことができる線《せん》をなんといいますか。ひらがな四文字《よんもじ》で書《か》きましょう。

□□□□

次《つぎ》のページで答《こた》えあわせをしよう

7
34・35ページ

答《こた》えとアドバイス

魚《さかな》にも耳《みみ》はあるの？

池《いけ》のコイにむかってパンパンと手《て》をたたくと、エサをもらおうとして、コイが近《ちか》づいてくることがあります。けれど、②魚《さかな》には耳《みみ》たぶも耳《みみ》のあなも見当《みあ》たりませんね。魚《さかな》に音《おと》は聞《き》こえているのでしょうか。

①②魚《さかな》は頭《あたま》の中《なか》に、「内耳《ないじ》」という耳《みみ》が左右《さゆう》に一《ひと》つずつあります。水《みず》の中《なか》につたわった音《おと》は、魚《さかな》のうかぶ力《ちから》を③ちょうせつする「うきぶくろ」※をふるわせます。この「うきぶくろ」のふるえが「内耳《ないじ》」につたえられて音《おと》として聞《き》こえるのです。

また、④エラからしっぽにかけて「側線《そくせん》」という点線《てんせん》がならんでいるところがあり、ここでも音《おと》を聞《き》くことができます。

❶池《いけ》のコイが、手《て》をたたくとエサをもらおうと近《ちか》づいてくるのはなぜですか。一《ひと》つに○をつけましょう。

ア 人《ひと》がもっているエサを見《み》ているから。

イ エサのにおいをかげるから。

ウ 手《て》の音《おと》を頭《あたま》の中《なか》の耳《みみ》で聞《き》いているから。

❷魚《さかな》の耳《みみ》について、まちがっているものはどれですか。一《ひと》つに○をつけましょう。

ア 耳《みみ》たぶや耳《みみ》のあなはない。

ぼくの耳《みみ》はどこだと思《おも》う？

「目《め》のそば」や「外耳《がいじ》」ということばは、お話《はなし》に出《で》ていないね。

魚《さかな》は、体《からだ》のいろいろなところをつかって、水《みず》の中《なか》につたわる音《おと》を聞《き》いているのですね。
一《いっ》ぴきまるごとの魚《さかな》を買《か》うことがあれば、体《からだ》の外側《そとがわ》に耳《みみ》がないことや、側線《そくせん》のばしょをかんさつしてみましょう。

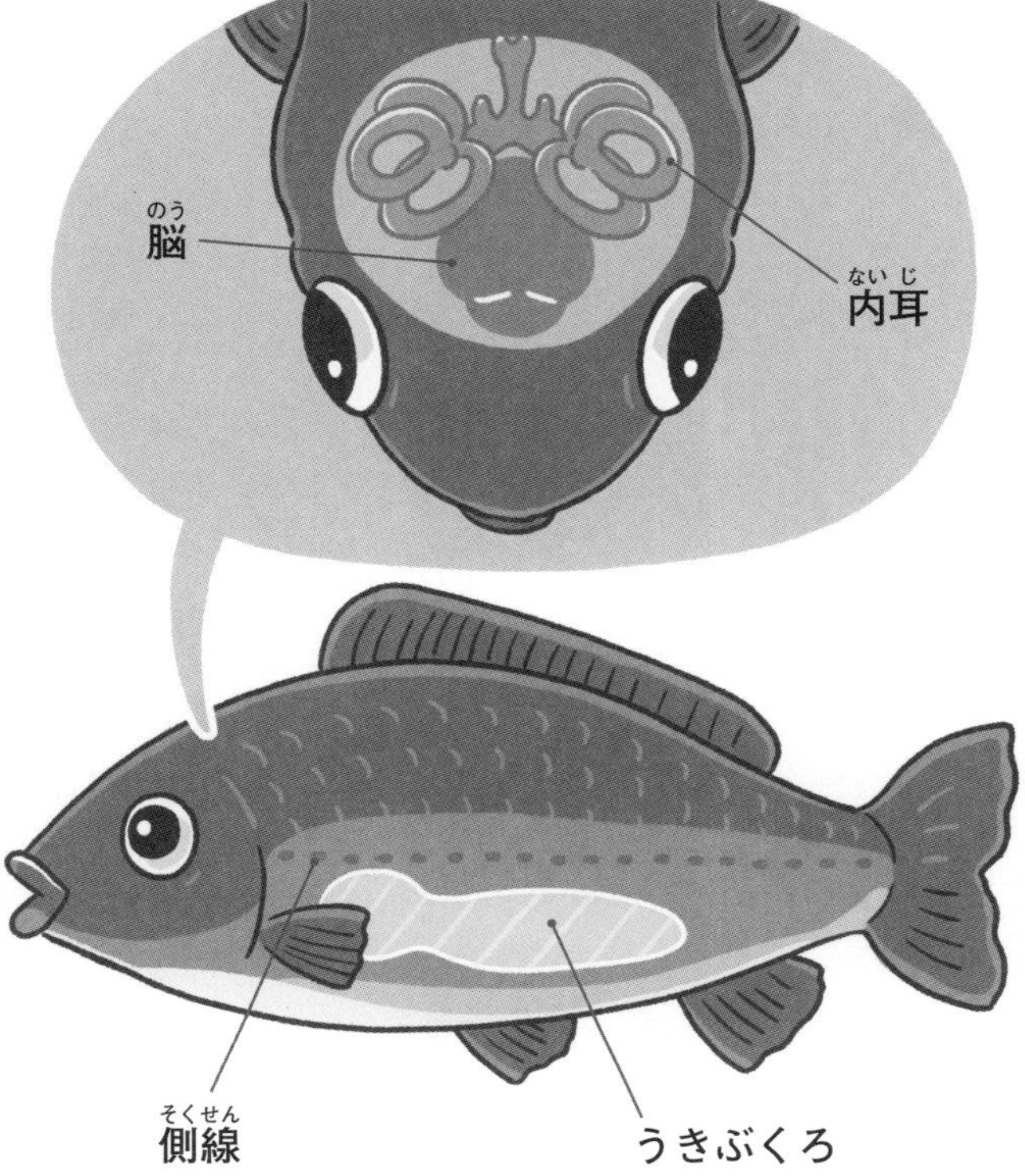
脳《のう》
内耳《ないじ》
側線《そくせん》
うきぶくろ

※うきぶくろをもっていない魚《さかな》もいます。

外側《そとがわ》に耳《みみ》がついていない生《い》きものはほかに何《なに》がいるかな？

できるとすごい！

イ 目《め》のそばに外耳《がいじ》という耳《みみ》が左右《さゆう》に一《ひと》つずつある。

ウ 頭《あたま》の中《なか》に内耳《ないじ》という耳《みみ》が左右《さゆう》に一《ひと》つずつある。

❸「うきぶくろ」には体《からだ》をうかせるほかに、どんなやくわりがありますか。ひらがな三《さん》文字《もじ》で書《か》きましょう。

ふるえ を内耳《ないじ》につたえる。

9行目《ぎょうめ》から10行目《ぎょうめ》に、うきぶくろのせつめいがあるよ。

❹魚《さかな》の体《からだ》にある、音《おと》を聞《き》くことができる線《せん》をなんといいますか。ひらがな四《よん》文字《もじ》で書《か》きましょう。

そくせん

お話《はなし》では漢字《かんじ》になっているよ。マス目《め》に合《あ》うように、ひらがなで書《か》こう。

答《こた》えあわせがおわったら、78ページのクイズ⑦をやってみよう！

8 虹《にじ》はどうやってできるの？

みなさんは、雨上《あめあ》がりに虹《にじ》を見《み》たことがありますか。赤《あか》、だいだい、黄《き》、みどり、青《あお》、あい色《いろ》、むらさきの七色《なないろ》が、とてもきれいですね。

虹《にじ》ができるには、たいようの光《ひかり》と水《みず》のつぶがひつようです。たいようの光《ひかり》は白《しろ》っぽく見《み》えますが、じつは七色《なないろ》がまじりあっています。また、たいようの光《ひかり》は、水《みず》を通《とお》るときに、まがるせいしつがあります。色《いろ》によってまがりかたがちがうので、七《なな》色《いろ》のリボンのような虹《にじ》になるのです。

また、大《おお》きく見《み》やすい虹《にじ》は、たいようがひくい朝《あさ》や夕方《ゆうがた》に、たいようとははんたいの空《そら》に出《で》ます。虹《にじ》はたいようの高《たか》さで出《で》るばしょがきまっているので、たいようが高《たか》い昼《ひる》だと、虹《にじ》はひくいところ

とりくんだ日《ひ》　月《がつ》　日《にち》

はじめた時間《じかん》　時《じ》　分《ふん》

おわった時間《じかん》　時《じ》　分《ふん》

1 虹《にじ》の七色《なないろ》に、赤《あか》、黄《き》、青《あお》があります。のこりの四色《よんしょく》はなんですか。どちらかに○をつけましょう。

ア だいだい、みどり、あい色《いろ》、むらさき

イ だいだい、みどり、白《しろ》、むらさき

2 虹《にじ》ができるのにひつようなものを二《ふた》つ書《か》きましょう。

たいようの（　　　　）と（　　　　）のつぶ。

に出《で》てしまいます。だから、朝《あさ》や夕方《ゆうがた》が見《み》やすいのですね。

ところで、小《ちい》さい虹《にじ》であればつくることができます。朝《あさ》か夕方《ゆうがた》に、きりふきに水《みず》を入《い》れ、たいようにせなかをむけてシュッシュと水《みず》を出《だ》してください。虹《にじ》ができたら、色《いろ》のじゅんばんをたしかめてみましょう。

できると すごい!!

❸ 虹《にじ》が七色《なないろ》のリボンのように見《み》えるりゆうとして、まちがっているものの一《ひと》つに○をつけましょう。

ア たいようの光《ひかり》は水《みず》を通《とお》るときにまがるから。

イ たいようの光《ひかり》は色《いろ》によってまがりかたがちがうから。

ウ たいようの光《ひかり》は水《みず》の中《なか》をまっすぐすすむから。

❹ 大《おお》きく見《み》やすい虹《にじ》が出《で》るせつめいとして、正《ただ》しいものはどちらですか。一《ひと》つに○をつけましょう。

ア 朝《あさ》や夕方《ゆうがた》に、たいようと同《おな》じむきの空《そら》に出《で》る。

イ 朝《あさ》や夕方《ゆうがた》に、たいようとはんたいの空《そら》に出《で》る。

次《つぎ》のページで答《こた》えあわせをしよう

答《こた》えとアドバイス

虹《にじ》はどうやってできるの？

みなさんは、雨上《あめあ》がりに虹《にじ》を見《み》たことがありますか。①赤《あか》、だいだい、黄《き》、みどり、青《あお》、あい色《いろ》、むらさきの七色《なないろ》が、とてもきれいですね。

②虹《にじ》ができるには、たいようの光《ひかり》と水《みず》のつぶがひつようです。たいようの光《ひかり》は白《しろ》っぽく見《み》えますが、じつは七色《なないろ》がまじりあっています。また、③たいようの光《ひかり》は、水《みず》を通《とお》るときに、まがるせいしつがあります。色《いろ》によってまがりかたがちがうので、七《なな》色《いろ》のリボンのような虹《にじ》になるのです。

また、④大《おお》きく見《み》やすい虹《にじ》は、たいようがひくい朝《あさ》や夕方《ゆうがた》に、たいようとははんたいの空《そら》に出《で》ます。虹《にじ》はたいようの高《たか》さで出《で》るばしょがきまっているので、たいようが高《たか》い昼《ひる》だと、虹《にじ》はひくいところ

❶虹《にじ》の七色《なないろ》に、赤《あか》、黄《き》、青《あお》がありま す。のこりの四色《よんしょく》はなんですか。どちらかに○をつけましょう。

（ア） だいだい、みどり、あい色《いろ》、むらさき

イ だいだい、みどり、白《しろ》、むらさき

2行目《ぎょうめ》から3行目《ぎょうめ》をよく読《よ》んで、のこりの色《いろ》をさがそう！

❷虹《にじ》ができるのにひつようなものを二《ふた》つ書《か》きましょう。

たいようの（光）（または「ひかり」）と（水）（または「みず」）のつぶ。

「月虹《げっこう》」という月《つき》の光《ひかり》でできる虹《にじ》もあるんだって！

に出《で》てしまいます。だから、朝《あさ》や夕方《ゆうがた》が見《み》やすいのですね。

ところで、小《ちい》さい虹《にじ》であればつくることができます。朝《あさ》か夕方《ゆうがた》に、きりふきに水《みず》を入《い》れ、たいようにせなかをむけてシュッシュと水《みず》を出《だ》してください。虹《にじ》ができたら、色《いろ》のじゅんばんをたしかめてみましょう。

虹《にじ》がつくれるなんてびっくり!

できるとすごい!

❸ 虹《にじ》が七色《なないろ》のリボンのように見《み》えるりゆうとして、まちがっているものの一《ひと》つに○をつけましょう。

ア たいようの光《ひかり》は水《みず》を通《とお》るときにまがるから。

イ たいようの光《ひかり》は色《いろ》によってまがりかたがちがうから。

（ウ） たいようの光《ひかり》は水《みず》の中《なか》をまっすぐすすむから。

❹ 大《おお》きく見《み》やすい虹《にじ》が出《で》るせつめいとして、正《ただ》しいものはどちらですか。一《ひと》つに○をつけましょう。

ア 朝《あさ》や夕方《ゆうがた》に、たいようと同《おな》じむきの空《そら》に出《で》る。

（イ） 朝《あさ》や夕方《ゆうがた》に、たいようとはんたいの空《そら》に出《で》る。

正《ただ》しいものに○をつけてしまいがちだよ。もんだいをよく読《よ》んでね！

おうちのかたへ

日本では虹は七色で「赤橙黄緑青藍紫《せきとうおうりょくせいらんし》」と覚えますが、国によって数える色の数は二～七色とさまざまです。（→51ページ）

答《こた》えあわせがおわったら、78ページのクイズ⑧をやってみよう！

9 なっとうがねばねばしているのはなぜ？

なっとうは、だいずというまめからつくられます。どくとくのにおいがあり、ねばねばと糸《いと》を引《ひ》くので、「くさっている」とかんじる人《ひと》もいるでしょう。でも、なっとうはくさってはいません。

では、においとねばねばの正体《しょうたい》はなんでしょうか。

じつは、においとねばねばをつくっているのは、「なっとうきん」という目《め》に見《み》えない小《ちい》さな生《い》きものです。なっとうきんは、だいずを食《た》べて人《ひと》の体《からだ》によい「えいよう」をつくります。それが、どくとくのにおいや、ねばりになるのです。このはたらきを、「はっこう」といいます。

では、「くさる」と「はっこう」のちがいはなんでしょうか。それは、人《ひと》の体《からだ》にとってよいはた

とりくんだ日《ひ》　月《がつ》　日《にち》

はじめた時間《じかん》　時《じ》　分《ふん》

おわった時間《じかん》　時《じ》　分《ふん》

❶ なっとうのざいりょうになる、食《た》べものはなんですか。ひらがな三《さん》文字《もじ》で書《か》きましょう。

❷ なっとうの、においやねばねばをつくる生《い》きものは、なんですか。

（　　　　）

❸ だいずがなっとうになるはたらきを、なんといいますか。一《ひと》つに○をつけましょう。

らきをするかどうかです。なっとうは、だいずよりえいようがふえ、おなかの中《なか》のわるいきんをやっつけてくれるので、「はっこう」とよばれます。

みそやしょうゆ、ヨーグルトやチーズなども、はっこうした食《た》べものです。体《からだ》によいので、できるだけ食《た》べるようにしたいですね。

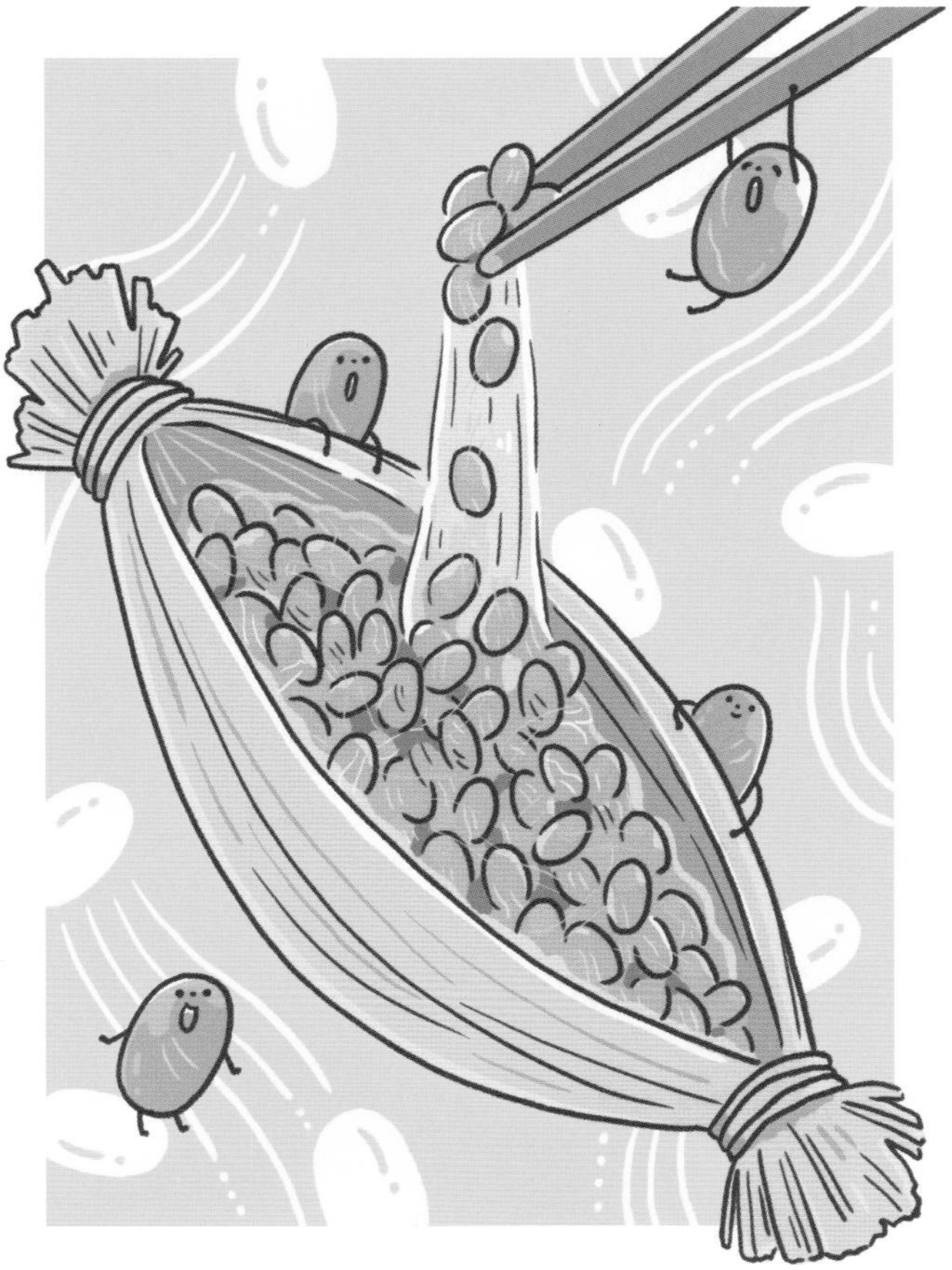

15

できるとすごい!

ア　くさる

イ　はっこう

ウ　えいよう

❹お話《はなし》に書《か》いてある、なっとうのよいはたらきとして、まちがっているものはどれですか。一《ひと》つに○をつけましょう。

ア　だいずよりえいようがふえる。

イ　おなかの中《なか》のわるいきんをやっつける。

ウ　どれだけ食《た》べても太《ふと》らない。

次《つぎ》のページで答《こた》えあわせをしよう

答《こた》えとアドバイス

なっとうがねばねばしているのはなぜ？

1 なっとうは、だいずというまめからつくられます。どくとくのにおいがあり、ねばねばと糸《いと》を引《ひ》くので、「くさっている」とかんじる人《ひと》もいるでしょう。でも、なっとうはくさってはいません。

では、においとねばねばの正体《しょうたい》はなんでしょうか。

2 じつは、においとねばねばをつくっているのは、「なっとうきん」という目《め》に見《み》えない小《ちい》さな生《い》きものです。3 なっとうきんは、だいずを食《た》べて人《ひと》の体《からだ》によい「えいよう」をつくります。それが、どくとくのにおいや、ねばりになるのです。このはたらきを、「はっこう」といいます。

では、「くさる」と「はっこう」のちがいはなんでしょうか。それは、人《ひと》の体《からだ》にとってよいはた

1 なっとうのざいりょうになる、食《た》べものはなんですか。ひらがな三《さん》文字《もじ》で書《か》きましょう。

だいず

2 なっとうの、においやねばねばをつくる生《い》きものは、なんですか。

（なっとうきん）

7行目《ぎょうめ》の「　」のあとに「小《ちい》さな生《い》きものです」と、せつめいがあるね。

3 だいずがなっとうになるはたらきを、なんといいますか。一《ひと》つに○をつけましょう。

ぼくは100回《かい》まぜてから食《た》べているよ

らきをするかどうかです。なっとうは、④だいずよりえいようがふえ、おなかの中《なか》のわるいきんをやっつけてくれるので、「はっこう」とよばれます。

みそやしょうゆ、ヨーグルトやチーズなども、はっこうした食《た》べものです。体《からだ》によいので、できるだけ食《た》べるようにしたいですね。

15

「はっこう」ってすご〜い!

できるとすごい!

ア　くさる
イ　はっこう
ウ　えいよう

❹お話《はなし》に書《か》いてある、なっとうのよいはたらきとして、まちがっているものはどれですか。一《ひと》つに○をつけましょう。

ア　だいずよりえいようがふえる。
イ　おなかの中《なか》のわるいきんをやっつける。
ウ　どれだけ食《た》べても太《ふと》らない。

「えいよう」は、なっとうきんがつくるもの。「くさる」は、人《ひと》の体《からだ》にわるいはたらきのことだったね。

太《ふと》るか太《ふと》らないかは、お話《はなし》に書《か》いていないね。

おうちのかたへ

納豆に期待できる効果には、他に整腸作用、免疫力アップなどがあります。納豆菌は空気中や、土の中、枯れ草に存在しています。繁殖力が高いので、パン工房や酒蔵など、発酵食品を扱う職業では、納豆を食べることを制限されている場合があります。

答《こた》えあわせがおわったら、78ページのクイズ⑨をやってみよう!

10 うんちが出《で》るのはなぜ？

わたしたちは、ごはんを食《た》べると元気《げんき》が出《で》ますね。それは、食《た》べもののえいようが、体《からだ》をうごかすエネルギーや、ほねやきんにくのもとになるからです。けれど、食《た》べものがぜんぶえいようになるわけではありません。そこで、食《た》べもののからえいようをとったあとののこりかすを、体《からだ》の外《そと》に出《だ》していきます。これが、うんちです。だから、食《た》べてしばらくすると、うんちをしたくなるのですね。

ところで、わたしたちは肉《にく》、魚《さかな》、やさいなど、いろいろな色《いろ》のものを食《た》べますが、うんちはみんな茶色《ちゃいろ》になります。なぜでしょう。

かんでのみこんだ食《た》べものは、えいようをとりやすくするために、とけてどろどろになります。

❶お話《はなし》にある、うんちのせつめいとして、正《ただ》しいものはどれですか。一《ひと》つに○をつけましょう。

ア　食《た》べもののえいようがたっぷり入《はい》っている。

イ　食《た》べもののこりかすでできている。

ウ　ほねやきんにくをつくるエネルギーからできている。

❷いろいろな色《いろ》のものを食《た》べたとき、うんちは何色《なにいろ》になりますか。漢字《かんじ》二文字《にもじ》で書《か》きましょう。

とりくんだ日《ひ》　月《がつ》　日《にち》

はじめた時間《じかん》　時《じ》　分《ふん》

おわった時間《じかん》　時《じ》　分《ふん》

食《た》べものをとかすのは、おなかのいろいろなばしょでつくられる「しょうかえき」です。その中《なか》に、うんちを茶色《ちゃいろ》くするものがあるのです。

けんこうなよいうんちは、バナナのようなかたさで茶色《ちゃいろ》です。また、つけもののようなにおいで、あまりくさくありません。うんちをしたら、よいうんちかどうかもチェックしたいですね。

できるとすごい!

❸ うんちが、②の色《いろ》になるのはなんのはたらきですか。

❹ けんこうなうんちのせつめいで、まちがっているものはどれですか。一《ひと》つに◯をつけましょう。

ア バナナのかたさで茶色《ちゃいろ》。

イ 茶色《ちゃいろ》でバナナのようなにおい。

ウ つけもののようなにおい。

次《つぎ》のページで答《こた》えあわせをしよう

答《こた》えとアドバイス

うんちが出《で》るのはなぜ？

わたしたちは、ごはんを食《た》べると元気《げんき》が出《で》ますね。それは、食《た》べもののえいようが、体《からだ》をうごかすエネルギーや、ほねやきんにくのもとになるからです。けれど、❶食《た》べものがぜんぶえいようになるわけではありません。そこで、食《た》べものからえいようをとったあとののこりかすを、体《からだ》の外《そと》に出《だ》しています。これが、うんちです。だから、食《た》べてしばらくすると、うんちをしたくなるのですね。

ところで、❷わたしたちは肉《にく》、魚《さかな》、やさいなど、いろいろな色《いろ》のものを食《た》べますが、うんちはみんな茶色《ちゃいろ》になります。なぜでしょう。

かんでのみこんだ食《た》べものは、えいようをとりやすくするために、とけてどろどろになります。

❶お話《はなし》にある、うんちのせつめいとして、正《ただ》しいものはどれですか。一《ひと》つに○をつけましょう。

ア 食《た》べもののえいようがたっぷり入《はい》っている。

（イ） 食《た》べもののこりかすでできている。

ウ ほねやきんにくをつくるエネルギーからできている。

❷いろいろな色《いろ》のものを食《た》べたとき、うんちは何色《なにいろ》になりますか。漢字《かんじ》二文字《にもじ》で書《か》きましょう。

4行目《ぎょうめ》から7行目《ぎょうめ》をよく読《よ》んでみよう。

うんちが何日《なんにち》も出《で》ないことを「べんぴ」というよ

③食《た》べものをとかすのは、おなかのいろいろなばしょでつくられる「しょうかえき」です。その中《なか》に、うんちを茶色《ちゃいろ》くするものがあるのです。

④けんこうなよいうんちは、バナナのようなかたさで茶色《ちゃいろ》です。また、つけもののようなにおいで、あまりくさくありません。うんちをしたら、よいうんちかどうかもチェックしたいですね。

うんちを見《み》ると
けんこうか
どうか
わかるんだね！

できるとすごい！

茶色

③うんちが、②の色《いろ》になるのはなんのはたらきですか。

（しょうかえき）

④けんこうなうんちのせつめいで、まちがっているものはどれですか。一《ひと》つに◯をつけましょう。

ア　バナナのかたさで茶色《ちゃいろ》。

(イ)　茶色《ちゃいろ》でバナナのようなにおい。

ウ　つけもののようなにおい。

15行目《ぎょうめ》の「その中《なか》に」は、しょうかえきの中《なか》に、といういみだよ。

お話《はなし》に出《で》ていないせつめいはどれかな？

おうちのかたへ

健康な人の便は、70~80%が水分で、残りは食べかす、腸内細菌、はがれた腸の細胞からできています。

答《こた》えあわせがおわったら、78ページのクイズ⑩をやってみよう！

★もっと知《し》りたい！
かがくのこと②

このページでは、かがくにまつわるまめちしきをしょうかいするよ。

えだまめはだいず！

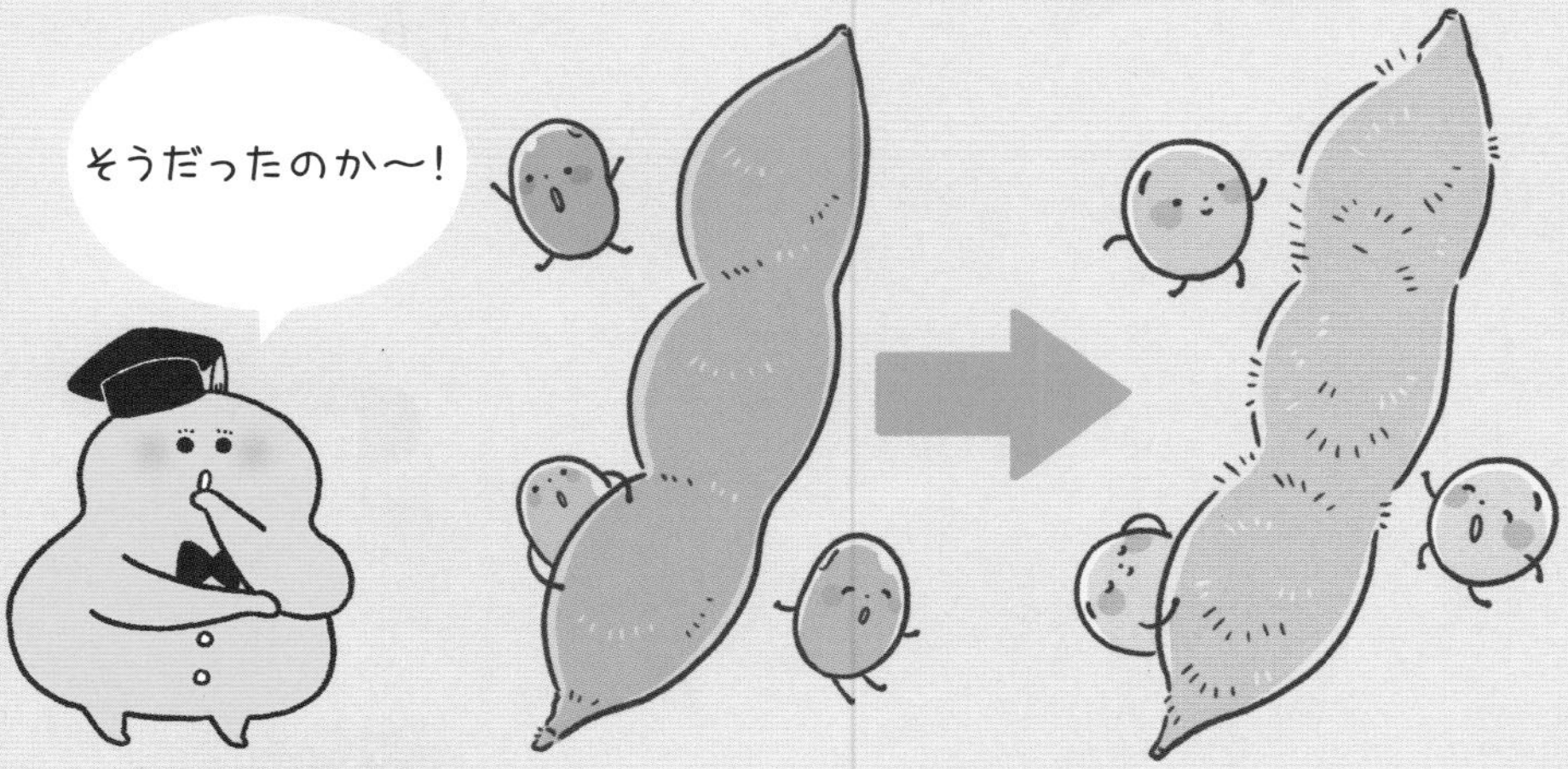

だいずは、なっとうのほかにも、とうふやみそ、しょうゆ、きなこなどをつくるざいりょうになるよ。夏《なつ》にしゅうかくするえだまめは、わかいだいずなんだ。秋《あき》から冬《ふゆ》までそだてると、じゅくしただいずになるよ。

ふりかえってみよう
42・43ページ
『なっとうがねばねばしているのはなぜ？』

アサガオの「たね」はもともと薬《くすり》だった！

むかし、アサガオのたねは、うんちを出《だ》しやすくする薬《くすり》としてつかわれていたよ。けれど、たねには強《つよ》いどくも入《はい》っているんだ。だから、今《いま》ではきれいな花《はな》を楽《たの》しむだけになったといわれているよ。

※アサガオのたねは、ぜったいに食《た》べてはいけないよ。

ふりかえってみよう
30・31ページ 『アサガオはどうして朝《あさ》にさくの？』

虹《にじ》が七色《なないろ》じゃない国《くに》もある！

アメリカでは六色《ろくしょく》、ドイツでは五色《ごしょく》と、国《くに》によって虹《にじ》の色《いろ》の数《かぞ》えかたがちがうんだ。これは、見《み》えている虹《にじ》のすがたが同《おな》じでも、色《いろ》をあらわすことばや、考《かんが》えかたがちがうからだといわれているよ。

ふりかえってみよう
38・39ページ 『虹《にじ》はどうやってできるの？』

11 カにさされるとかゆくなるのはどうして？

とりくんだ日《ひ》

月《がつ》　日《にち》

はじめた時間《じかん》

時《じ》　分《ふん》

おわった時間《じかん》

時《じ》　分《ふん》

　夏《なつ》になると、わたしたちのちをすいにくるカ。かゆいとかんじてから、さされたことに気《き》づいた人《ひと》もいるでしょう。なぜ、カにさされるとかゆくなるのでしょうか。

　わたしたちのちは、体《からだ》の外《そと》に出《で》るとすぐにかたまってしまいます。そこで、カはちをすう前《まえ》に、自分《じぶん》のツバをわたしたちのけっかんに入《い》れます。カのツバには、ちをかたまりにくくし、いたみをかんじにくくするはたらきがあるのです。だから、気《き》づかないうちに、ちをすわれてしまうのですね。

　けれど、わたしたちの体《からだ》にとって、カのツバはじゃまものです。ですから、バイキンなどをやっつけるしくみがはたらいて、ツバをおい出《だ》そうと

できるとすごい！

❶ カがちをすう前《まえ》に、けっかんに入《い》れるものはなんですか。カタカナ二文字《にもじ》で書《か》きましょう。

❷ カがけっかんに入《い》れるもののはたらきで、まちがっているものはどれですか。一《ひと》つに○をつけましょう。

ア ちをどろっとさせる。

イ ちをかたまりにくくする。

ウ いたみをかんじにくくする。

します。このときに、赤《あか》くはれたりかゆくなったりするのです。
　ただし、オスのカは、花《はな》のみつや草《くさ》のしるしかすいません。じつは、たまごをうむ前《まえ》のメスだけが、えいようをとるためにちをすうのです。パチンとつぶされるきけんがあっても、カはたまごのために、いのちがけでちをすいにくるのですね。

❸ カにちをすわれると、赤《あか》くはれたりかゆくなったりするのはなぜですか。一《ひと》つに○をつけましょう。

ア カのちをおい出《だ》そうとするから。

イ わたしたちのちをおい出《だ》そうとするから。

ウ カのツバをおい出《だ》そうとするから。

❹ ちをすうのは、どんなカですか。ひらがな三文字《さんもじ》で書《か》きましょう。

□□□ を うむ前《まえ》のメス。

次《つぎ》のページで答《こた》えあわせをしよう

答《こた》えとアドバイス

カにさされるとかゆくなるのはどうして？

夏《なつ》になると、わたしたちのち・をすいにくるカ。かゆいとかんじてから、さされたことに気《き》づいた人《ひと》もいるでしょう。なぜ、カにさされるとかゆくなるのでしょうか。

わたしたちのち・は、①体《からだ》の外《そと》に出《で》るとすぐにかたまってしまいます。そこで、カはち・をすう前《まえ》に、②自分《じぶん》のツバをわたしたちのけっかんに入《い》れます。カのツバには、ち・をかたまりにくくし、いたみをかんじにくくするはたらきがあるのです。だから、気《き》づかないうちに、ち・をすわれてしまうのですね。

③けれど、わたしたちの体《からだ》にとって、カのツバはじゃまものです。ですから、バイキンなどをやっつけるしくみがはたらいて、ツバをおい出《だ》そうと

できるとすごい！

❶カがち・をすう前《まえ》に、けっかんに入《い》れるものはなんですか。カタカナ二文字《にもじ》で書《か》きましょう。

ツバ

❷カがけっかんに入《い》れるもののはたらきで、まちがっているものはどれですか。一《ひと》つに○をつけましょう。

(ア) ち・をどろっとさせる。

イ ち・をかたまりにくくする。

ウ いたみをかんじにくくする。

8行目《ぎょうめ》からのせつめいにないはたらきはどれかな？

カにさされたところは水《みず》であらってからかゆみ止《ど》めをぬろう！

します。このときに、赤《あか》くはれたりかゆくなったりするのです。

ただし、オスのカは、花《はな》のみつや草《くさ》のしるしかすいません。じつは、❹たまごをうむ前《まえ》のメスだけが、えいようをとるためにちをすうのです。パチンとつぶされるきけんがあっても、カはたまごのためにいのちがけでちをすいにくるのですね。

けっかん
カのツバ

かゆみがひどいときはほれいざいなどでひやすのもいいみたい

❸カにちをすわれると、赤《あか》くはれたりかゆくなったりするのはなぜですか。一《ひと》つに○をつけましょう。

ア　カのちをおい出《だ》そうとするから。

イ　わたしたちのちをおい出《だ》そうとするから。

(ウ)　カのツバをおい出《だ》そうとするから。

❹ちをすうのは、どんなカですか。ひらがな三文字《さんもじ》で書《か》きましょう。

| た | ま | ご |

をうむ前《まえ》のメス。

「何《なに》を」おい出《だ》そうとするのか、11行目《ぎょうめ》からの文《ぶん》をていねいに読《よ》もう。

マス目《め》の数《かず》や、「うむ前《まえ》」ということばがヒントになるよ。

おうちのかたへ

赤くはれてかゆくなるのは、蚊の唾液に対するアレルギー反応です。通常は数時間で治まりますが、時間がたってからかゆみが出ることもあります。

答《こた》えあわせがおわったら、78ページのクイズ⑪をやってみよう！

12 冬《ふゆ》になると木《き》からはっぱがおちてしまうのはどうして？

とりくんだ日《ひ》

月《がつ》　日《にち》

はじめた時間《じかん》

時《じ》　分《ふん》

おわった時間《じかん》

時《じ》　分《ふん》

春《はる》にみどりのはっぱをたくさんつけていたのに、冬《ふゆ》にはっぱをおとす木《き》を見《み》たことがあるでしょう。木《き》がかれたように見《み》えますが、次《つぎ》の春《はる》には、また新《あたら》しいはっぱが出《で》てきます。このような木《き》を「落葉樹《らくようじゅ》」といいます。はっぱがないとさむそうですが、どうしてはっぱをおとすのでしょうか。

はっぱは、たいようの光《ひかり》からえいようをつくっています。けれど、冬《ふゆ》はたいようの光《ひかり》が弱《よわ》く、あまりえいようをつくれません。また、空気《くうき》がかわくので、はっぱの水分《すいぶん》がにげてしまいます。そこで、秋《あき》にはっぱのえいようをみきにうつし、冬《ふゆ》はお休《やす》みします。秋《あき》にはっぱが赤《あか》や黄色《きいろ》にかわるのは、はっぱをおとすじゅんびです。冬《ふゆ》はできるだ

❶ 冬《ふゆ》にはっぱをおとし、次《つぎ》の春《はる》にまた新《あたら》しいはっぱをつける木《き》をなんといいますか。一《ひと》つに○をつけましょう。

ア　針葉樹《しんようじゅ》

イ　落葉樹《らくようじゅ》

ウ　常緑樹《じょうりょくじゅ》

❷ 冬《ふゆ》にはっぱをおとすのは、なぜでしょうか。まちがっているもの一《ひと》つに○をつけましょう。

ア　冬《ふゆ》はあまりえいようをつくれないから。

けエネルギーをつかわずにすごし、春《はる》をまちます。

ところで、モミのように冬《ふゆ》でもみどりのはっぱをつけている木《き》もありますね。このような木《き》は「常《じょう》緑樹《りょくじゅ》」といいます。水分《すいぶん》がにげにくいはっぱをもち、古《ふる》くなったはっぱを少《すこ》しずつおとしています。

木《き》のしゅるいによって、冬《ふゆ》のすごしかたがちがうなんて、おもしろいですね。

できるとすごい!

イ はっぱから水分《すいぶん》がにげてしまうから。

ウ はっぱをおとさないとさむいから。

3 はっぱをおとす木《き》は、秋《あき》にはっぱが何色《なにいろ》になりますか。二《ふた》つ書《か》きましょう。

（　　　）や（　　　）

4 お話《はなし》に出《で》てきた、冬《ふゆ》でもみどりのはっぱをつけている木《き》はなんという名前《なまえ》でしたか。カタカナ二文字《にもじ》で書《か》きましょう。

□□

次《つぎ》のページで答《こた》えあわせをしよう

答《こた》えとアドバイス

冬《ふゆ》になると木《き》からはっぱがおちてしまうのはどうして？

❶春《はる》にみどりのはっぱをたくさんつけていたのに、冬《ふゆ》にはっぱをおとす木《き》を見《み》たことがあるでしょう。木《き》がかれたように見《み》えますが、次《つぎ》の春《はる》には、また新《あたら》しいはっぱが出《で》てきます。このような木《き》を「落《らく》葉樹《ようじゅ》」といいます。はっぱがないとさむそうですが、❷どうしてはっぱをおとすのでしょうか。

はっぱは、たいようの光《ひかり》からえいようをつくっています。けれど、❷冬《ふゆ》はたいようの光《ひかり》が弱《よわ》く、あまりえいようをつくれません。また、空気《くうき》がかわくので、はっぱの水分《すいぶん》がにげてしまいます。そこで、秋《あき》にはっぱのえいようをみきにうつし、冬《ふゆ》はお休《やす》みします。❸秋《あき》にはっぱが赤《あか》や黄色《きいろ》にかわるのは、はっぱをおとすじゅんびです。冬《ふゆ》はできるだ

❶冬《ふゆ》にはっぱをおとし、次《つぎ》の春《はる》にまた新《あたら》しいはっぱをつける木《き》をなんといいますか。一《ひと》つに○をつけましょう。

ア 針葉樹《しんようじゅ》
イ 落葉樹《らくようじゅ》
ウ 常緑樹《じょうりょくじゅ》

❷冬《ふゆ》にはっぱをおとすのは、なぜでしょうか。まちがっているもの一《ひと》つに○をつけましょう。

ア 冬《ふゆ》はあまりえいようをつくれないから。

はっぱが
おちるのは
木《き》がかれたから
じゃなかったんだね

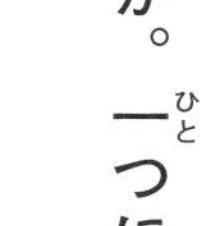

お話《はなし》に出《で》てくる「えいよう」と
「水分《すいぶん》」ということばがポイントだね。
木《き》がさむさをかんじるかは、お話《はなし》に出《で》ていないよ。

学校《がっこう》や
家《いえ》の木《き》は
常緑樹《じょうりょくじゅ》かな？
落葉樹《らくようじゅ》かな？

けエネルギーをつかわずにすごし、春《はる》をまちます。

ところで、④モミのように冬《ふゆ》でもみどりのはっぱをつけている木《き》もありますね。このような木《き》は「常《じょう》緑樹《りょくじゅ》」といいます。水分《すいぶん》がにげにくいはっぱをもち、古《ふる》くなったはっぱを少《すこ》しずつおとしています。

木《き》のしゅるいによって、冬《ふゆ》のすごしかたがちがうなんて、おもしろいですね。

常緑樹《じょうりょくじゅ》
落葉樹《らくようじゅ》

できると すごい！

イ　はっぱから水分《すいぶん》がにげてしまうから。

ウ　はっぱをおとさないとさむいから。

③はっぱをおとす木《き》は、秋《あき》にはっぱが何色《なにいろ》になりますか。二《ふた》つ書《か》きましょう。

（赤）※ や （黄色）※

※ひらがなで書《か》いても、答《こた》えが合《あ》っていればせいかいです。

④お話《はなし》に出《で》てきた、冬《ふゆ》でもみどりのはっぱをつけている木《き》はなんという名前《なまえ》でしたか。カタカナ二文字《にもじ》で書《か》きましょう。

モミ

12行目《ぎょうめ》から13行目《ぎょうめ》のせつめいの中《なか》で、色《いろ》の名前《なまえ》をさがしてみよう。

答《こた》えあわせがおわったら、78ページのクイズ⑫をやってみよう！

13 こんちゅうはどうやって いきをするの？

とりくんだ日《ひ》
月《がつ》
日《にち》
はじめた時間《じかん》
時《じ》
分《ふん》
おわった時間《じかん》
時《じ》
分《ふん》

みなさんは、こんちゅうの顔《かお》を見《み》たことがありますか？　わたしたちは、鼻《はな》や口《くち》でいきをしますが、こんちゅうの顔《かお》には鼻《はな》がありません。では、どこでいきをしているのでしょうか。

　こんちゅうの体《からだ》のよこには、空気《くうき》をとりこむ「気門《きもん》」というあながあって、これが人《ひと》の鼻《はな》のかわりです。だいたいのこんちゅうには、むねに二《ふた》つ、おなかに十六《じゅうろっ》こ、ぜんぶ足《た》すと十八《じゅうはち》か二十《にじっ》この気門《きもん》があります。気門《きもん》からすった空気《くうき》は、「気管《きかん》」というくだを通《とお》って体《からだ》の中《なか》にはこばれます。

　気門《きもん》は、きんにくの力《ちから》であけたりとじたりできます。また、気門《きもん》は細《こま》かい毛《け》におおわれていて、鼻毛《はなげ》のようにゴミをふせぐこともできます。その

❶ こんちゅうが空気《くうき》をとりこむ「気《き》門《もん》」は、体《からだ》のどこにありますか。一《ひと》つに○をつけましょう。

ア　頭《あたま》とおしり

イ　鼻《はな》と口《くち》

ウ　むねとおなか

❷ 気門《きもん》からすった空気《くうき》は、どこを通《とお》って体《からだ》の中《なか》にはこばれますか。ひらがな三文字《さんもじ》で書《か》きましょう。

ため、水《みず》の中《なか》でくらすこんちゅうでも、気《き》門《もん》に水《みず》が入《はい》ることがなく、おぼれずにすむのです。うごきのおそいイモムシなら、気《き》門《もん》を見《み》つけやすいでしょう。チャンスがあれば、虫《むし》メガネで気《き》門《もん》をかんさつしてみてください。

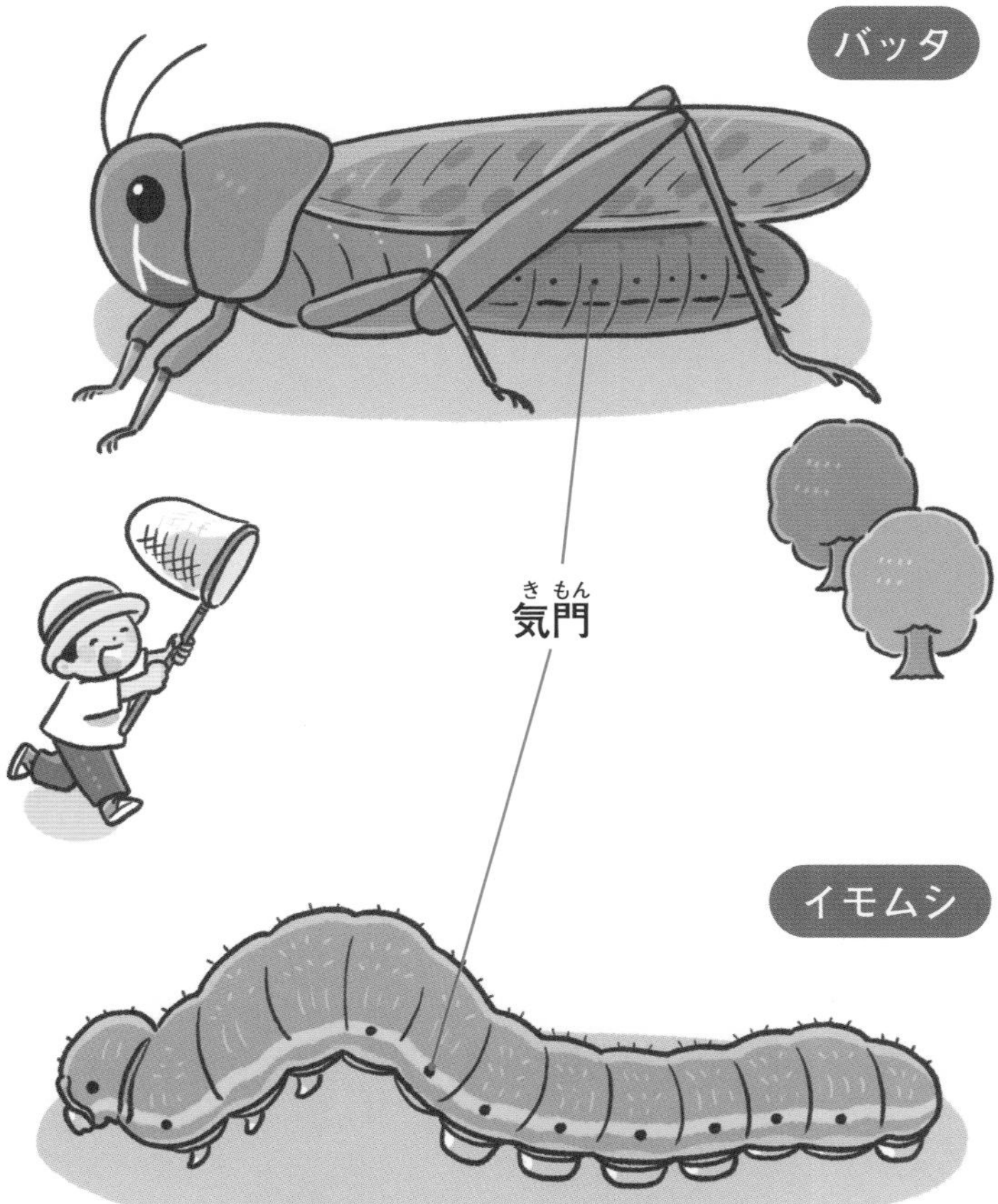

15

できるとすごい！

❸ 気《き》門《もん》について、まちがっているせつめいはどれですか。一《ひと》つに○をつけましょう。

ア 水《みず》を入《い》れるようにできている。

イ きんにくの力《ちから》であけたりとじたりできる。

ウ 細《こま》かい毛《け》におおわれていて、ゴミをふせぐ。

❹ お話《はなし》の中《なか》で、気《き》門《もん》をかんさつしやすい虫《むし》として何《なに》をしょうかいしていますか。カタカナ四文字《よんもじ》で書《か》きましょう。

次《つぎ》のページで答《こた》えあわせをしよう

答《こた》えとアドバイス

こんちゅうはどうやっていきをするの？

みなさんは、こんちゅうの顔《かお》を見《み》たことがありますか？　わたしたちは、鼻《はな》や口《くち》でいきをしますが、こんちゅうの顔《かお》には鼻《はな》がありません。では、どこでいきをしているのでしょうか。

❶こんちゅうの体《からだ》のよこには、空気《くうき》をとりこむ「気門《きもん》」というあながあって、これが人《ひと》の鼻《はな》のかわりです。だいたいのこんちゅうには、むねに二《ふた》つか四《よっ》つ、おなかに十六《じゅうろっ》こ、ぜんぶ足《た》すと十八《じゅうはち》か二十《にじっ》この気門《きもん》があります。❷気門《きもん》からすった空気《くうき》は、「気管《きかん》」というくだを通《とお》って体《からだ》の中《なか》にはこばれます。

❸気門《きもん》は、きんにくの力《ちから》であけたりとじたりできます。また、気門《きもん》は細《こま》かい毛《け》におおわれていて、鼻毛《はなげ》のようにゴミをふせぐこともできます。その

❶こんちゅうが空気《くうき》をとりこむ「気門《きもん》」は、体《からだ》のどこにありますか。一《ひと》つに○をつけましょう。

ア　頭《あたま》とおしり
イ　鼻《はな》と口《くち》
ウ（○）　むねとおなか

お話《はなし》の中《なか》で、気門《きもん》のばしょと、数《かず》をせつめいしているね。

❷気門《きもん》からすった空気《くうき》は、どこを通《とお》って体《からだ》の中《なか》にはこばれますか。ひらがな三文字《さんもじ》で書《か》きましょう。

きかん

お話《はなし》では漢字《かんじ》になっているよ。マス目《め》に合《あ》うように、ひらがなで書《か》こう。

こんちゅうが
小《ちい》さな体《からだ》で
いきをするための
しくみだね

ため、水《みず》の中《なか》でくらすこんちゅうでも、気門《きもん》に水《みず》が入《はい》ることがなく、おぼれずにすむのです。

④うごきのおそいイモムシなら、気門《きもん》を見《み》つけやすいでしょう。チャンスがあれば、虫《むし》メガネで気《き》門《もん》をかんさつしてみてください。

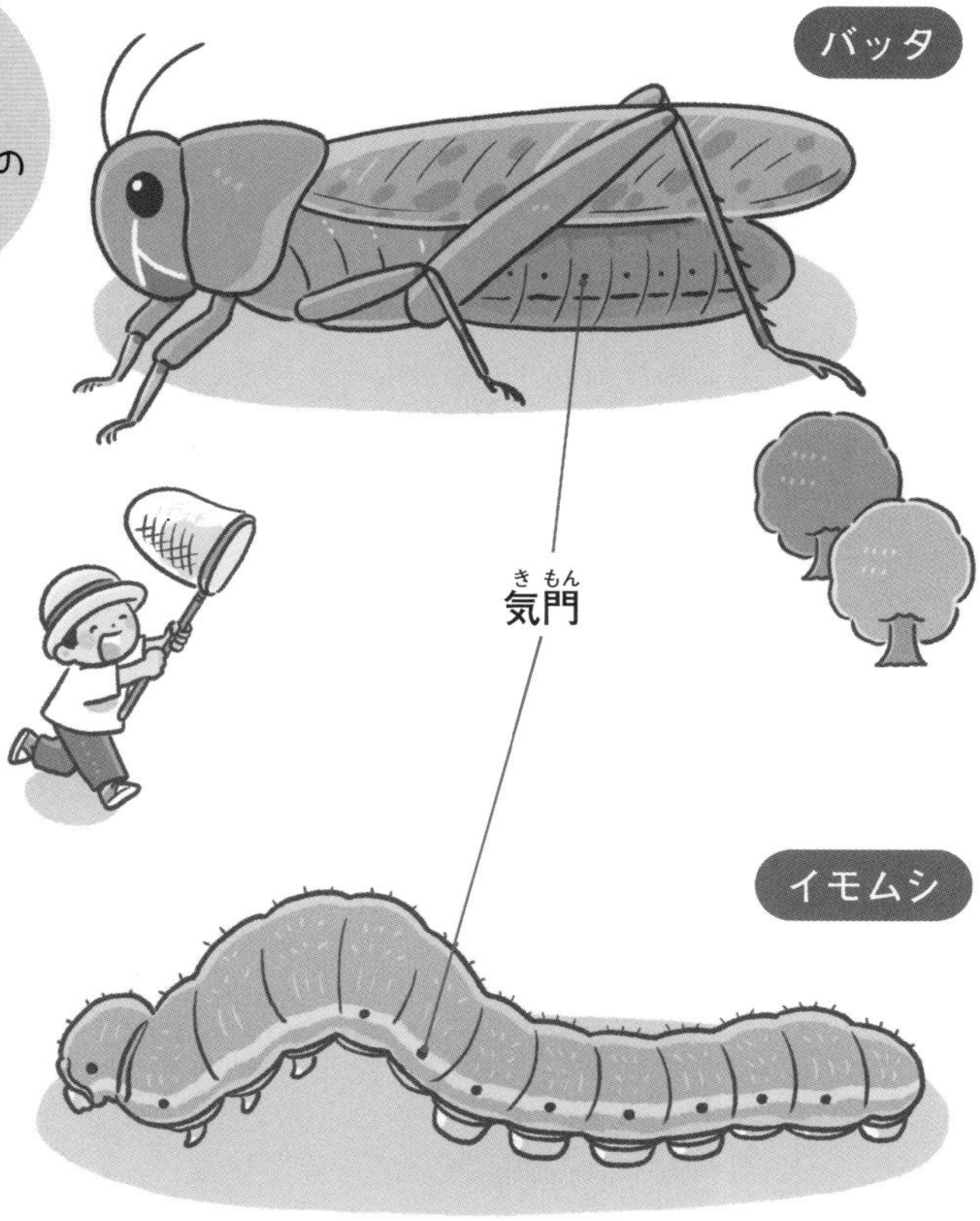
バッタ
気門《きもん》
イモムシ

できるとすごい！

❸ 気門《きもん》について、まちがっているせつめいはどれですか。一《ひと》つに○をつけましょう。

（ア） 水《みず》を入《い》れるようにできている。

イ きんにくの力《ちから》であけたりとじたりできる。

ウ 細《こま》かい毛《け》におおわれていて、ゴミをふせぐ。

❹ お話《はなし》の中《なか》で、気門《きもん》をかんさつしやすい虫《むし》として何《なに》をしょうかいしていますか。カタカナ四文字《よんもじ》で書《か》きましょう。

イモムシ

「気門《きもん》に水《みず》が入《はい》ることがなく」という文《ぶん》を読《よ》むと、アがまちがいだとわかるね。

おうちのかたへ

脱皮のときは気管まで脱ぎ捨てます。セミの抜け殻で見られる、白い糸のようなものが気管です。

答《こた》えあわせがおわったら、78ページのクイズ⑬をやってみよう！

14 電車《でんしゃ》はどうやって走《はし》るの？

電車《でんしゃ》は、たくさんの人《ひと》をはこべる、べんりなのりものですね。レールの上《うえ》をしゃりんで走《はし》りますが、どんな力《ちから》で走《はし》っていると思《おも》いますか。

電車《でんしゃ》は「電気《でんき》で走《はし》る車《くるま》」といういみで、名前《なまえ》のとおり電気《でんき》の力《ちから》で走《はし》っています。電車《でんしゃ》のやねには、ダイヤの形《かたち》や、くの字《じ》の形《かたち》のものがついています。これは「パンタグラフ」といって、電車《でんしゃ》の上《うえ》にある電線《でんせん》から電気《でんき》をうけとるそうちです。うけとった電気《でんき》は、しゃりんにつながった「モーター」というきかいにわたされます。モーターは、電気《でんき》をしゃりんをまわす力《ちから》にかえています。

電車《でんしゃ》は、電線《でんせん》からずっと電気《でんき》をうけとっているので、車《くるま》のようにとちゅうでガソリンを入《い》れなく

1 電車《でんしゃ》はどんな力《ちから》で走《はし》っていますか。

（　　　　）の力《ちから》。

2 パンタグラフの形《かたち》で、正《ただ》しくないものはどれですか。一《ひと》つに○をつけましょう。

ア　ダイヤの形《かたち》

イ　くの字《じ》の形《かたち》

ウ　への字《じ》の形《かたち》

とりくんだ日《ひ》

月《がつ》　日《にち》

はじめた時間《じかん》

時《じ》　分《ふん》

おわった時間《じかん》

時《じ》　分《ふん》

ても走《はし》りつづけられるのです。
ちなみに、電気《でんき》をつかわない「ディーゼルカー」が走《はし》るちいきもあります。ねんりょうの「けいゆ」でエンジンをうごかして、しゃりんをまわします。ただ、電車《でんしゃ》より力《ちから》が弱《よわ》いので、たくさんの人《ひと》をはこぶことはできません。電線《でんせん》もパンタグラフもないので、すぐに電車《でんしゃ》と見分《みわ》けがつきますよ。

できるとすごい!

③ 電気《でんき》を、しゃりんをまわす力《ちから》にかえるきかいをなんといいますか。

（　　　　　　　　）

④ ディーゼルカーのせつめいで、正《ただ》しいものはどれですか。一《ひと》つに○をつけましょう。

ア ガソリンで走《はし》る。
イ パンタグラフがない。
ウ レールの上《うえ》を走《はし》らない。

次《つぎ》のページで答《こた》えあわせをしよう

14

64・65ページ

答《こた》えとアドバイス

電車《でんしゃ》はどうやって走《はし》るの?

電車《でんしゃ》は、たくさんの人《ひと》をはこべる、べんりなのりものですね。レールの上《うえ》をしゃりんで走《はし》りますが、どんな力《ちから》で走《はし》っていると思《おも》いますか。

❶電車《でんしゃ》は「電気《でんき》で走《はし》る車《くるま》」といういみで、名前《なまえ》のとおり電気《でんき》の力《ちから》で走《はし》っています。❷電車《でんしゃ》のやねには、ダイヤの形《かたち》や、くの字《じ》の形《かたち》のものがついています。これは「パンタグラフ」といって、電車《でんしゃ》の上《うえ》にある電線《でんせん》から電気《でんき》をうけとるそうちです。❸うけとった電気《でんき》は、しゃりんにつながった「モーター」というきかいにわたされます。モーターは、電気《でんき》をしゃりんをまわす力《ちから》にかえています。電車《でんしゃ》は、電線《でんせん》からずっと電気《でんき》をうけとっているので、車《くるま》のようにとちゅうでガソリンを入《い》れなく

❶電車《でんしゃ》はどんな力《ちから》で走《はし》っていますか。

※（　電気　）の力《ちから》。

※ひらがなで書《か》いても、答《こた》えが合《あ》っていればせいかいです。

❷パンタグラフの形《かたち》で、正《ただ》しくないものはどれですか。一《ひと》つに○をつけましょう。

ア　ダイヤの形《かたち》

イ　くの字《じ》の形《かたち》

（ウ）　への字《じ》の形《かたち》

ダイヤとくの字《じ》はお話《はなし》にあるけれど、への字《じ》は出《で》ていないね。

パンダじゃなくて「パンタ」だよ!

ても走《はし》りつづけられるのです。

❹ちなみに、電気《でんき》をつかわない「ディーゼルカー」が走《はし》るちいきもあります。ねんりょうの「けいゆ」でエンジンをうごかして、しゃりんをまわします。ただ、電車《でんしゃ》より力《ちから》が弱《よわ》いので、たくさんの人《ひと》をはこぶことはできません。電線《でんせん》もパンタグラフもないので、すぐに電車《でんしゃ》と見分《みわ》けがつきますよ。

電車《でんしゃ》がいたらよく見《み》てみよう!

できるとすごい!

❸電気《でんき》を、しゃりんをまわす力《ちから》にかえるきかいをなんといいますか。

(モーター)

❹ディーゼルカーのせつめいで、正《ただ》しいものはどれですか。一《ひと》つに○をつけましょう。

ア ガソリンで走《はし》る。

(イ) パンタグラフがない。

ウ レールの上《うえ》を走《はし》らない。

8行目《ぎょうめ》から、モーターのはたらきについてせつめいしているよ。

15行目《ぎょうめ》からのせつめいで、電気《でんき》をつかわず、パンタグラフがないことがわかるね。

答《こた》えあわせがおわったら、78ページのクイズ⑭をやってみよう!

スペシャルもんだい

目《め》がまわるのはどうして？

とりくんだ日《ひ》　月《がつ》　日《にち》
はじめた時間《じかん》　時《じ》　分《ふん》
おわった時間《じかん》　時《じ》　分《ふん》

みなさんは、スイカわりをしたことがありますか。目《め》かくしをして体《からだ》をぐるぐるまわしてから、かけ声《ごえ》をたよりにスイカをわるあそびです。

ぐるぐるまわったあとは、頭《あたま》がくらくらします。まっすぐ歩《ある》いているつもりでも、体《からだ》がふらふらして、なかなかスイカのばしょに行《い》けません。これが、目《め》がまわるというじょうたいです。なぜ、このようなことがおきるのでしょうか。

それは、耳《みみ》のおくにある「三半規管《さんはんきかん》」と、「脳《のう》」のはたらきにげんいんがあります。

三半規管《さんはんきかん》にはえき体《たい》がつまっています。頭《あたま》がまわるとえき体《たい》がゆれて、まわったむきやはやさをかんじとります。すると、脳《のう》は、まわっているむ

❶ 目《め》がまわっている人《ひと》のようすで、まちがっているものはどれですか。一《ひと》つに○をつけましょう。

ア　頭《あたま》がくらくらする。
イ　体《からだ》がふらふらする。
ウ　まっすぐ歩《ある》ける。

❷ 目《め》がまわるげんいんとなる三半規《さんはんき》管《かん》は、どこにありますか。四文字《よんもじ》で書《か》きましょう。

きとはぎゃくに目《め》をうごかすように、めいれいを出《だ》します。これは、きゅうに体《からだ》をうごかしても、見《み》ているものがぶれないようにするためです。

体《からだ》がまわっているとき
脳《のう》
②「こっちのむきに目《め》をまわして！」とめいれいを出《だ》す
①えき体《たい》がゆれて、まわっているむきとはやさをキャッチ
三半規管《さんはんきかん》

できるとすごい!!

③ 三半規管《さんはんきかん》には何《なに》がつまっていますか。お話《はなし》からぬき出《だ》しましょう。

（　　　　　　）

④ 頭《あたま》がまわっていると、脳《のう》は体《からだ》にどんなめいれいを出《だ》しますか。一《ひと》つに○をつけましょう。

ア まわっているむきに目《め》をうごかす。

イ まわっているむきとぎゃくに目《め》をうごかす。

ウ まわっているむきとぎゃくに耳《みみ》をうごかす。

次《つぎ》のページにも、お話《はなし》ともんだいがつづくよ

★スペシャルもんだい

目《め》がまわるのはどうして？

体《からだ》がまわりつづけると、目《め》もうごきつづけます。ところが、体《からだ》をぴたりと止《と》めても、三半規管《さんはんきかん》のえき体《たい》のゆれはすぐにおさまりません。すると、脳《のう》は体《からだ》がまだうごいているとかんちがいをして、目《め》をうごかしつづけてしまうのです。目《め》をまわしている人《ひと》の目《め》を見《み》ると、目《め》が細《こま》かく左右《さゆう》にゆれているのがわかります。

つまり、目《め》がじっさいに左右《さゆう》にうごいているので、まわりのけしきがぐるぐるまわっているようにかんじてしまうのです。

ところで、バレエダンサーやフィギュアスケートのせんしゅは、くるくるまわってもふらふらしていません。じくがぶれないコマのようにまわるすがたは、とてもきれいでかっこいいですね。

できるとすごい！

5 体《からだ》がまわるのを止《と》めても、脳《のう》がまだうごいているとかんちがいするのはなぜですか。一《ひと》つに○をつけましょう。

ア 三半規管《さんはんきかん》のえき体《たい》がまだゆれているから。

イ 脳《のう》がまだまわっているから。

ウ 目《め》が左右《さゆう》にゆれているから。

6 目《め》をまわしている人《ひと》の目《め》のようすとして、正《ただ》しいことばを漢字《かんじ》二《に》文《も》字《じ》で書《か》きましょう。

細《こま》かく［　　］にゆれている。

でも、さいしょからふらふらしなかったわけではありません。れんしゅうをくりかえして、目《め》がまわらないようになれていったのです。かんたんにまわっているように見《み》えても、たくさんのれんしゅうをした人《ひと》だけが、できることなのですね。

体《からだ》を止《と》めたとき
体《からだ》がうごいていると
思《おも》って、めいれいを
出《だ》しつづける
えき体《たい》が
ゆれたまま

⑦くるくるまわってもふらふらしない人《ひと》として、お話《はなし》に出《で》ていないのはどれですか。一《ひと》つに○をつけましょう。

ア　バレエダンサー

イ　スキーのせんしゅ

ウ　フィギュアスケートのせんしゅ

⑧まわってもふらふらしない人《ひと》は、どうやってなれていったと書《か》かれていますか。

（　　　　　　　　　　）のれんしゅうをした。

次《つぎ》のページで答《こた》えあわせをしよう

答《こた》えとアドバイス

目《め》がまわるのはどうして？

みなさんは、スイカわりをしたことがありますか。目《め》かくしをして体《からだ》をぐるぐるまわしてから、かけ声《ごえ》をたよりにスイカをわるあそびです。

①ぐるぐるまわったあとは、頭《あたま》がくらくらします。まっすぐ歩《ある》いているつもりでも、体《からだ》がふらふらして、なかなかスイカのばしょに行《い》けません。これが、目《め》がまわるというじょうたいです。

②なぜ、このようなことがおきるのでしょうか。

それは、耳《みみ》のおくにある「三半規管《さんはんきかん》」と、「脳《のう》」のはたらきにげんいんがあります。

③三半規管《さんはんきかん》にはえき体《たい》がつまっています。④頭《あたま》がまわるとえき体《たい》がゆれて、まわったむきやはやさをかんじとります。すると、脳《のう》は、まわっているむ

❶目《め》がまわっている人《ひと》のようすで、まちがっているものはどれですか。一《ひと》つに○をつけましょう。

ア　頭《あたま》がくらくらする。
イ　体《からだ》がふらふらする。
（ウ）　まっすぐ歩《ある》ける。

❷目《め》がまわるげんいんとなる三半規《さんはんき》管《かん》は、どこにありますか。四文字《よんもじ》で書《か》きましょう。

耳のおく

9行目《ぎょうめ》の「三半規管《さんはんきかん》」の前《まえ》のことばに注目《ちゅうもく》してみてね。

スイカわりの大会《たいかい》もあるんだって

きとはぎゃくに目《め》をうごかすように、めいれいを出《だ》します。これは、きゅうに体《からだ》をうごかしても、見《み》ているものがぶれないようにするためです。

体《からだ》がまわっているとき
脳《のう》
②「こっちのむきに目《め》をまわして！」とめいれいを出《だ》す
①えき体《たい》がゆれて、まわっているむきとはやさをキャッチ
三半規管《さんはんきかん》

ぎゃくのむきに目《め》をうごかすんだね

できるとすごい!!

❸ 三半規管《さんはんきかん》には何《なに》がつまっていますか。お話《はなし》からぬき出《だ》しましょう。

（　えき体　）

❹ 頭《あたま》がまわっていると、脳《のう》は体《からだ》にどんなめいれいを出《だ》しますか。一《ひと》つに○をつけましょう。

ア　まわっているむきに目《め》をうごかす。

(イ)　まわっているむきとぎゃくに目《め》をうごかす。

ウ　まわっているむきとぎゃくに耳《みみ》をうごかす。

もんだいに「ぬき出《だ》す」と書《か》いてあるときは、お話《はなし》のことばをそのまま書《か》き出《だ》そう。

ア、イ、ウの文《ぶん》のちがうところをよく考《かんが》えて、お話《はなし》と同《おな》じせつめいのものをさがしてね。

答《こた》えとアドバイス

目《め》がまわるのはどうして？

⑤体《からだ》がまわりつづけると、目《め》もうごきつづけます。ところが、体《からだ》をぴたりと止《と》めても、三半規管《さんはんきかん》のえき体《たい》のゆれはすぐにおさまりません。すると、脳《のう》は体《からだ》がまだうごいているとかんちがいをして、目《め》をうごかしつづけてしまうのです。

⑥目《め》をまわしている人《ひと》の目《め》を見《み》ると、目《め》が細《こま》かく左右《さゆう》にゆれているのがわかります。

つまり、目《め》がじっさいに左右《さゆう》にうごいているので、まわりのけしきがぐるぐるまわっているようにかんじてしまうのです。

⑦ところで、バレエダンサーやフィギュアスケートのせんしゅは、くるくるまわってもふらふらしていません。じくがぶれないコマのようにまわるすがたは、とてもきれいでかっこいいですね。

できるとすごい！！

⑤体《からだ》がまわるのを止《と》めても、脳《のう》がまだうごいているとかんちがいするのはなぜですか。一《ひと》つに○をつけましょう。

ア 三半規管《さんはんきかん》のえき体《たい》がまだゆれているから。（○）
イ 脳《のう》がまだまわっているから。
ウ 目《め》が左右《さゆう》にゆれているから。

⑥目《め》をまわしている人《ひと》の目《め》のようすとして、正《ただ》しいことばを漢字二文字《かんじにもじ》で書《か》きましょう。

細《こま》かく［左右］にゆれている。

「ところが」のあとに、脳《のう》がかんちがいをするりゆうが書《か》いてあるよ。

脳《のう》がポイントだったんだね！

ぼくもくるくる
まわりたく
なってきた〜

体《からだ》を止《と》めたとき

体《からだ》がうごいていると
思《おも》って、めいれいを
出《だ》しつづける
えき体《たい》が
ゆれたまま

⑧でも、さいしょからふらふらしなかったわけではありません。れんしゅうをくりかえして、目《め》がまわらないようになれていったのです。かんたんにまわっているように見《み》えても、たくさんのれんしゅうをした人《ひと》だけが、できることなのですね。

⑦くるくるまわってもふらふらしない人《ひと》として、お話《はなし》に出《で》ていないのはどれですか。一《ひと》つに○をつけましょう。

ア　バレエダンサー
（イ）　スキーのせんしゅ
ウ　フィギュアスケートのせんしゅ

11行目《ぎょうめ》から13行目《ぎょうめ》と、ア、イ、ウを見《み》くらべてかくにんしよう。

⑧まわってもふらふらしない人《ひと》は、どうやってなれていったと書《か》かれていますか。

（　たくさん　）のれんしゅうをした。

（　）のあとの「〜のれんしゅう」につながることばを、お話《はなし》からさがそう。

答《こた》えあわせがおわったら、78ページのクイズ15をやってみよう！

★もっと知《し》りたい！かがくのこと③

このページでは、かがくにまつわるまめちしきをしょうかいするよ。

黒《くろ》いふくだとカにさされやすい！

カは黒色《くろいろ》がすきだから、黒《くろ》いふくをきていると、カがあつまりやすいといわれているよ。はんたいに、白《しろ》いふくをきると、黒《くろ》いふくをきているときよりもカがあつまりにくいといわれているんだ。

ふりかえってみよう
52・53ページ
『カにさされるとかゆくなるのはどうして？』

常緑樹《じょうりょくじゅ》と落葉樹《らくようじゅ》は、はっぱでわかる！

常緑樹《じょうりょくじゅ》

落葉樹《らくようじゅ》

落葉樹《らくようじゅ》のはっぱは、みどり色《いろ》がうすくてやわらかいものが多《おお》いんだ。常緑樹《じょうりょくじゅ》のはっぱは、こいみどり色《いろ》で、かたい、つやつやとしたものが多《おお》いよ。

ふりかえってみよう
56・57ページ
『冬《ふゆ》になると木《き》からはっぱがおちてしまうのはどうして？』

この本《ほん》をふりかえろう

二週間《にしゅうかん》、お話《はなし》を読《よ》んでみてどうだったかな？
おうちの人《ひと》といっしょに話《はな》してみよう。

どのお話《はなし》が
楽《たの》しかった？

お話《はなし》を読《よ》んで
びっくりした
ことは何《なに》？

もっとくわしく
知《し》りたいことは
あったかな？

むずかしかった
お話《はなし》はある？

お話《はなし》の中《なか》で、自分《じぶん》で
見《み》たり、ためしてみたり
したいことはあった？

おうちのかたへ

お子様はどのような内容について興味をもたれたでしょうか。ひと口に「かがく」と言っても、虫、動物、植物、星などさまざまな分野があります。ここでは、初めて知って驚いたことや、楽しいと思った話題、もっと知りたくなったことなどを、楽しい雰囲気でお子様とお話ししてください。問題が解けたかどうかを振り返るよりも、興味をもったことについて、科学的な絵本や読み物をさらに読む中で読解力は身についてきます。

青山由紀

おさらいパズル

とりくんだお話《はなし》のおさらいクイズだよ。（　）に入《はい》ることばを下《した》の□の(あ)～(み)からえらんで、79ページの同《おな》じ記号《きごう》が書《か》いてあるマスを一《ひと》つぬってね。15マスぬると、絵《え》がかんせいするよ！

★ おさらいクイズ ★

① イチゴのつぶつぶは、たねではなく（　　　）。

② タマネギを切《き》ると（　　　）というせいぶんが生《う》まれる。

③ アリは（　　　）でれんらくをとりあっている。

④ 雲《くも》は、水《みず》や（　　　）のつぶがあつまってできている。

⑤ わたしたちがいきをするのは（　　　）をとりこむため。

⑥ アサガオは、たいようがしずんでから（　　　）時間後《じかんご》に花《はな》がさく。

⑦ 魚《さかな》は頭《あたま》の中《なか》に（　　　）が左右《さゆう》に一《ひと》つずつある。

⑧ 虹《にじ》ができるには、たいようの（　　　）と水《みず》のつぶがひつよう。

⑨ なっとうのにおいとねばねばをつくっているのは（　　　）。

⑩ 食《た》べものからえいようをとったのこりかすが（　　　）になる。

⑪ カのツバには（　　　）をかたまりにくくするはたらきがある。

⑫ 冬《ふゆ》にはっぱをおとす木《き》を（　　　）という。

⑬ こんちゅうの体《からだ》には（　　　）というあながある。

⑭ 電車《でんしゃ》は（　　　）の力《ちから》で走《はし》っている。

⑮ 耳《みみ》のおくにある三半規管《さんはんきかん》には（　　　）がつまっている。

(あ)雪《ゆき》　(い)にゅうさんきん　(う)なっとうきん　(え)落葉樹《らくようじゅ》　(お)常緑樹《じょうりょくじゅ》

(か)内耳《ないじ》　(き)外耳《がいじ》　(く)み　(け)花《はな》　(こ)はっぱ　(さ)ち　(し)たいよう　(す)えき体《たい》

(せ)けいゆ　(そ)ガソリン　(た)電気《てんき》　(ち)脳《のう》　(つ)気門《きもん》　(て)火《ひ》　(と)光《ひかり》

(な)フェロモン　(に)五《ご》　(ぬ)七《しち》　(ね)九《く》　(の)うんち　(は)ビタミン　(ひ)なみだ

(ふ)風《かぜ》　(へ)アリシン　(ほ)さんそ　(ま)にさんかたんそ　(み)こおり

パズルの答《こた》えは次《つぎ》のページにあるよ

監修者

青山 由紀（あおやま ゆき）

東京生まれ。筑波大学附属小学校教諭、筑波大学非常勤講師。

主な著書に『こくごの図鑑』（小学館）、『子どもを国語好きにする授業アイデア』（学事出版）、監修書に『オールカラー　マンガで身につく！四字熟語辞典』（ナツメ社）などがある。

日本国語教育学会常任理事、全国国語授業研究会常任理事、光村図書国語・書写教科書編集委員。

小川 眞士（おがわ まさし）

理科の教室「小川理科研究所」主宰。森上教育研究所客員研究員。東京都練馬区立の中学校で理科の教鞭を執ったあと、四谷大塚進学教室理科講師を務めた。開成特別コース・桜蔭特別コースを担当し、クラス28人全員が開成合格を達成。その後、四谷大塚副室長、理科教務主任を務めた。

「理科的視点と豊かな心」をモットーにした教室を主宰し「理科大好き生徒」が増殖中。

主な監修書に『基礎からしっかりわかる　カンペキ！　小学理科』（技術評論社）、『オールカラー　楽しくわかる！地球と天体』（ナツメ社）、著書に『中学受験理科のグラフ完全制覇』（ダイヤモンド社）他多数。

- お話作成　山下美樹
- キャラクターイラスト　松本麻希
- 挿絵　フクイサチヨ
- 本文デザイン・DTP　株式会社クラップス
- 校正　村井みちよ
- 編集協力　株式会社 KANADEL、山下美樹
- 編集担当　梅津愛美（ナツメ出版企画株式会社）

78・79ページの答《こた》え

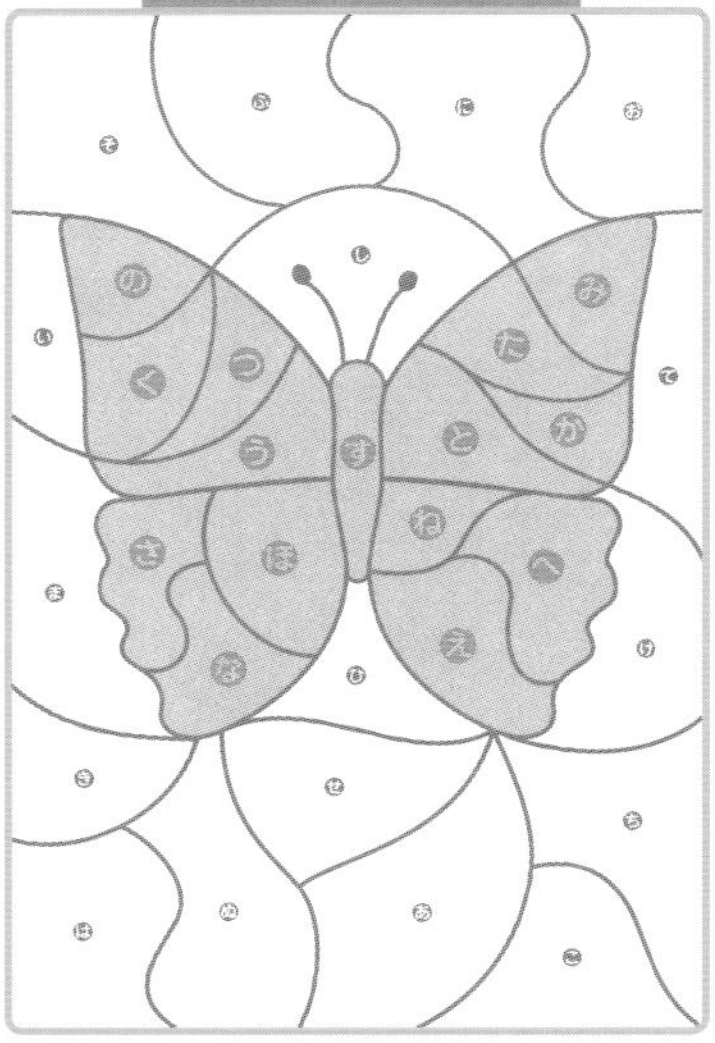

①く　②へ　③な　④み　⑤ほ
⑥ね　⑦か　⑧と　⑨う　⑩の
⑪さ　⑫え　⑬つ　⑭た　⑮す

わくわくストーリードリル

かがくのふしぎ

2024年3月14日　初版発行

監修者　青山由紀《あおやまゆき》　Aoyama Yuki,2024
　　　　小川眞士《おがわまさし》　Ogawa Masashi,2024
発行者　田村正隆

発行所　株式会社ナツメ社
東京都千代田区神田神保町1-52　ナツメ社ビル１Ｆ（〒101-0051）
電話 03(3291)1257（代表）　FAX 03(3291)5761
振替 00130-1-58661

制　作　ナツメ出版企画株式会社
東京都千代田区神田神保町1-52　ナツメ社ビル３Ｆ（〒101-0051）
電話 03(3295)3921（代表）

印刷所　株式会社リーブルテック

ISBN978-4-8163-7496-8　Printed in Japan

本書に関するお問い合わせは、書名・発行日・該当ページを明記の上、下記のいずれかの方法にてお送りください。電話でのお問い合わせはお受けしておりません。
・ナツメ社 web サイトの問い合わせフォーム
　https://www.natsume.co.jp/contact
・FAX(03-3291-1305)
・郵送（左記、ナツメ出版企画株式会社宛て）
なお、回答までに日にちをいただく場合があります。正誤のお問い合わせ以外の書籍内容に関する解説・個別の相談は行っておりません。あらかじめご了承ください。

ナツメ社 Webサイト
https://www.natsume.co.jp
書籍の最新情報（正誤情報を含む）はナツメ社Webサイトをご覧ください。